i-Construction 最前線

—情報通信技術が変える建設産業の将来—

社会基盤技術評価支援機構・中部 編

理 工 図 書

まえがき

建設技術評価に関する第三者機関として発足した社会基盤技術評価支援機構・中部は、その社会貢献の一つとしてほぼ毎年一般向けにＰＩセミナーとして開催してまいりましたが、その成果をより広く世に問うため，セミナーの講演録を出版物として過去２冊上程して参りました。今回３冊目として、過去に実施した第10回および第11回ＰＩセミナーでの講演録を講演者の了解のもとにまとめたものが本稿です。この両セミナーで取り上げたテーマはいま国土交通省が推進しているi-Construction に関するもので、産官学の各分野で先端的に取り組んで内容を紹介するものです。

i-Construction は2016年に国土交通省が建設現場の生産性向上に向けて、測量、設計から施工、さらに管理にいたる全プロセスにおいて、情報化を前提とし導入した新基準で、その社会的背景として建設業界における深刻な人手不足と熟練技術者の高齢化の問題があります。このような課題に対して、ICTの建設現場への全面的活用によって、遅れていると言われている建設業の生産性を向上させ、また全産業の２倍程度といわれる労働災害を減らし、いわゆる３K問題を解決して、若い人達にも魅力のある職場へと再生することにあります。

第10回PIセミナーでは立命館大学理工学部の建山和由教授、鹿島建設技術研究所の三浦悟氏、日本建設情報総合センターの坪香伸氏、また第11回PIセミナーでは、国土交通省大臣官房技術調査課の城澤道正氏、大林組情報技術推進課の杉浦伸哉氏、大阪大学環境・エネルギー工学専攻の矢吹信喜教授の計６名の講演録をそれぞれ講演者の了解のもとに取りまとめたのが本書です。ただしその内容についての一切の責任は、言うまでもなく本機構にあることを申し述べます。

最後に、本書出版にあたりご協力いただいた６名の講演者の方々、快く出版を引き受けていただいた出版元の理工図書株式会社に厚く御礼申し上げます。

社会基盤技術評価支援機構・中部　代表理事　松井　寛

序　論

i-Constructionとは何か

i-Constructionとは、国土交通省が進める建設業の情報化に関する取り組みである。調査・測量から設計、施工・調査、維持管理・更新に至る建設事業の一連のプロセスに、UAV（Unmanned Aerial Vehicle、通称：ドローン）やレーザースキャナを用いた測量や、自動運転の重機を用いたICT施工等、最先端のICT（Information and Communication Technology：情報通信技術）を取り入れることによって、建設分野の生産性を大幅に向上させようとする取り組みである。i-Constructionという言葉がはじめて発表されたのは、2015年11月24日の石井啓一国土交通大臣による大臣会見と言われている。その後、2016年4月には、3次元データに関する15の新基準を導入するなど、2016年度から国土交通省は、本格的にi-Constructionを推進している。

i-Construction誕生の背景にある建設業の現状

i-Constructionが推進されるようになった背景には、第1章の建山氏や第2章の城澤氏の講演で述べられているように、現在、建設業界がおかれている厳しい環境が関係している。社会資本への投資額は1990年代の後半をピークに、その後下がり続け、現在はピーク時の半分近くにまで落ち込んでいる。それに伴い、建設業の労働者も減り続けている。特に若い世代が相対的に少なくなってきていることもあり、労働者の高齢化も進んでいる。また、他の業種に比べ、労働時間が長く、賃金が低い傾向が否めず、建設業は3K（きつい、汚い、危険）というイメージが浸透してしまった。それがさらに若者を建設業から遠ざけるという悪循環に陥っている。第7章、第8章に掲載しているディスカッションでも、建設業の置かれている厳しい現状と解決策に関する議論が展開されている。

そうした中、2011年には東日本大震災、2016年には熊本地震が発生し、大きな被害をもたらした。今後、南海トラフを震源とした巨大地震や首都直下地震の発生も懸念されている。さらに近年では豪雨災害が各地で頻発しており、気候変動に対応した対策も求められており、災害に強い強靭な国土への転換が急務となっている。一方、わが国の社会資本は、1960年代から70年代の高度経済成長期に多く建設されたことから、建設から50年を超えるインフラが急増しており、今後、インフラの更新や大規模な維持補修の必要性が増加することが見込まれている。さらに、2020年には東京オリンピック、2027年にはリニア中央新幹線開業を予定しており、現在、関連する工事が急ピッチで進められている。このように、建設業界は、今、まさに時代の転換期を迎えており、以前よりも少ない担い手で、多くの課題に対応することが必要になっている。そのためには、建設分野の生産性を高めることが急務となっているのである。国土交通省では、建設分野の生産性を高める取り組みを「生産性革命」と銘打って推進しており、現在、31のプロジェクトが「生産性革命プロジェクト31」として推進されており、「i-Construction」もその中のプロジェクトに含まれている。

i-Constructionを構成する要素技術

建設業界では、i-Constructionが始まる以前からICTを活用し生産性向上に取り組んできた。国土交通省では、2008年頃から情報化施工という名称で、ICTを活用した工事を行ってきている。国土交通省発注の土工工事の約13%（2014年度）で情報化施工が実施され、最大で約1.5倍に日当たり施工量が効率化することが報告されている[1)]。また、各建設会社は、それぞれ独自にICTを活用した施工や設計等に取り組んできている。本書でも第4章で三浦氏が鹿島建設の取り組みを、第5章で杉浦氏が大林組の取り組みを紹介している。

では、これまでの情報化施工とi-Constructionはどこが違うのか。従来の情報化施工は、建設生産プロセスのうち「施工」に注目して、ICTの活用により、主に設計や施工段階で得られた電子情報を活用して高効率・高精度な施工を実現し、生産性の向上や品質の確保を図る取り組みであったがi-Constructionは、測量・設計から、施工、さらには維持管理に至る全プロセスにおいて、情報化を前提として生産性向上を図る取り組みである。それを可能にしたのは、情報通信技術（ICT）や機械技術の飛躍的な進歩によるところが大きい。測量段階では、UAV（ドローン）の普及により、広範囲での測量の効率性が格段に向上している。これまではトータルステーション等の測量機器を用いて、1点ずつ座標を測量することが一般的であったが、UAV（ドローン）によって、上空から大量の写真を短時間に撮影し、取得されたデータから、点群を発生させ、地形や構造物の3次元データを作成することが可能となった。また、レーザースキャナによる点群データ取得技術も進んでおり、多くの建設現場や災害復旧の現場等でも使われるようになっている。本書では、第5章などでドローンを用いた測量や3次元データに関する話題を紹介している。

3次元データの取得が容易になったことで、3次元モデリングや3次元の設計に関する技術も飛躍的に進歩している。建設分野の3次元モデリングの技術は、CIMと呼ばれている。CIMとはConstruction Information Modelingの略語であり、近年では、Construction Information Modeling/ManagementとManagementを加える表現も増えてきた。CIMは、もともとBIMから派生した言葉である。BIMとは、Building Information Modellingの略語であり、土木分野に先んじて、建築分野で普及してきた技術である。ちなみに、BIMは世界共通語であるが、CIMは日本独自の言葉である。6章の坪香氏の講演によると、2012年に当時の国土交通技監であった佐藤直良氏が、建設分野のBIMをCIM(Construction Information Modeling)と命名したことがきっかけと言われている。2次元の図面が一般的であった建設工事の設計図面を3次元にすることでどのようなメリットがあるのか。本書では、CIMに関する話題に、多くのページを割いている。第3章の矢吹氏、第5章の杉浦氏、第6章の坪香氏の講演内容やディスカッションの中でもCIMの話題が多く語られている。これらの章を読んでいただければ、CIMの内容や設計や施工において、3次元モデリングを用いることの効果をご理解いただけるはずである。

情報通信技術が変える建設産業の将来

本書は、一般社団法人 社会基盤技術評価支援機構・中部が2016年に開催した「第10回PIセミナー　～情報通信技術が変える建設産業の将来～」、2017年に開催した「第11回PIセミナー　～情報通信技術が変える建設産業の将来　その2～」の講演内容がベースとなっている。セミナー開催時は、まさにi-Constructionが始動したタイミングであったが、本書が出版される直前の2019年5月、年号が平成から令和と改まり、i-Constructionも基準等を整備する段階から、現場での実践を定着させる新たな時代へと入ったように思われる。

今後、各現場での創意工夫によって、さまざまなi-Constructionが実践され、新たな実践知が蓄積されることによって、生産性向上が図られることが期待される。その結果、建設分野が若い技術者の卵や新たな時代の子供たちにとっても希望の持てる産業へと生まれ変わること、そして、本書がその一助として少しでもお役立てできれば、幸甚である。

(参考文献)

1) i-Construction 委員会：「i-Construction ～建設現場の生産性革命～」2016

令和元年5月吉日

社会基盤技術評価支援機構・中部　鈴木　温（名城大学理工学部教授）

◇目　　次◇

第1章

建設技術の新たなステージ i − Construction

建山　和由　（立命館大学理工学部 教授）

i-Construction の背景からお話しさせていただきます。話の起点は、やはり日本の人口構成だと思っています。日本の人口は 2007 年をピークに、増加から減少に転じました。これから高齢者の方々が増えていくという話がありますが、高齢者の数は実はそれほど増えません。全体の人口が今後急速に減ってくるため高齢者の率が高くなってくるということです。それよりも問題は 15 歳から 65 歳までの生産年齢人口がこれから急激に減ってくることです。図 1.1 に総人口●と生産年齢人口▲をグラフで表しました。この図から分かるように、2015 年を起点とすると、生産年齢人口は 30 年間で約 30% 減ることになります。30 年で 30%減るということは、1 年に直すと 1 %です。1 年で 1 %減ってもあまり感じないかもしれませんが、10 年たつと 10%、20 年で 20%、30 年で 30%。これは実はとんでもないことだと思います。日本のあらゆる場面で人が足らなくなります。なかでも建設分野は、いまでも担い手を確保するのが難しくなっていますが、今後ますます厳しい状況になることは間違いないことだろ

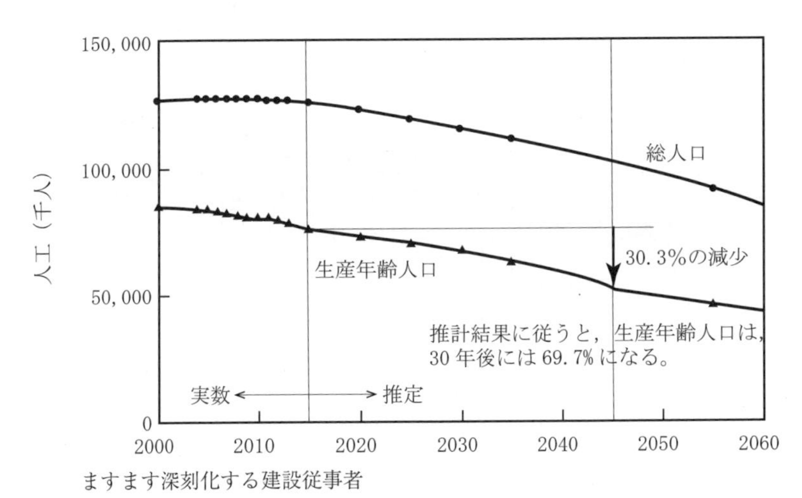

図 1.1　日本における生産年齢人口の推移

うと思います。

もう一つの問題は、生産年齢人口が減るということは、税収も減りますし、かつインフラを使う人たちの数も減ってくるわけですから、将来的にはインフラ投資予算も縮小という方向性もあり得るということを想定しておかないといけないと思っています。もちろん、そうならないほうがいいのですが、そういう事態も想定しておく必要があると思っています。

建設分野の問題というのは、担い手層の数だけではなくて、年齢層も大きな問題となっています。建設業というのは、御承知のように年齢層の高い熟練技術者が多いです。このような方々は当然､知識もスキルも経験も持っています。今後、こういった熟練技術者がリタイアすることによって、技術レベルの維持が難しくなるということが大きな問題になってきます。

建設分野の仕事がこれからどうなるのかを考えましょう。図 1.2 はインフラ投資の経年変化から、新設工事と維持修繕工事を表わした図です。新設工事の仕事は、1990 年頃のピークに比べると半減しています。最近は若干持ち直してきていますが、それでも一時ほどのインフラ投資の予算は確保できていません。一方で、維持管理の仕事というのは徐々に増えてきているというのは十分理解できると思っています。これから維持管理の仕事は、投資も含めて増えていかざるを得ないと思っています。

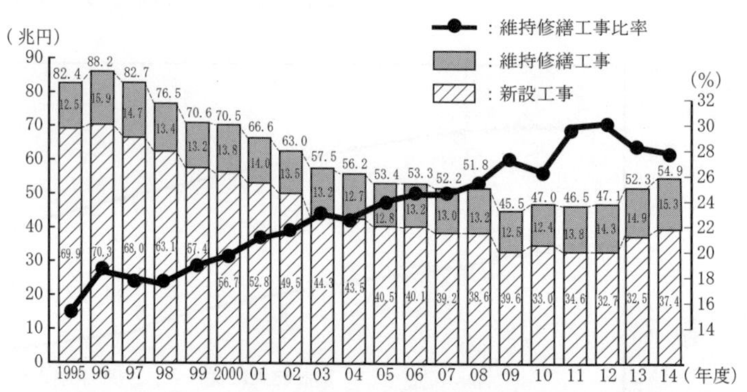

(注) 1. 金額は元請完成工事高。建設投資（前頁）との水準の相違は両者のカバーする範囲の相違等による。
2. 維持修繕工事比率＝維持修繕工事完工高／工事完工高（いずれも元請分）

出典：国土交通省「建設工事施工統計」

1990 年代に比べて、新設工事は 1/2 以下に、修繕・更新工事は増加

建設業ハンドブック 2015（一般社団法人日本建設業連合会）より

図 1.2　維持管理の視点から：社会資本投資の経年変化

維持修繕、更新の工事というのは、新設よりも難しい工事です。例えば更地に家を建てるとき、材料を持ってきて組み立てていけば、比較的簡単な工事で家を建てることができます。しかし、例えば30年～40年使った家をメンテしなさいと言われたら、まず、その家のどこが傷んでいるかを探し、なぜそのような劣化、傷みが生じたのかという原因を調べます。その原因を取り除く形で補修方法を決めて、かつ家を使いながら直していかないといけません。非常に難しい仕事で、複雑な仕事をこなしていかないといけません。そういう仕事がこれからますます増えてくるということです。

さらに災害という観点からも、建設はこれから難しい局面を迎えることになります。図1.3は1時間当たり50mm以上の雨が降る回数が1年間に何回あったのかを表わした棒グラフです。もちろん雨があまり降らない年もあれば、たくさん降る年もありますが、トレンドで見ると、間違いなく大雨が降る回数は増えています。

大雨だけではなくて、地震や火山による災害もそうです。自然災害は激化していると言われています。これらに備えていかなければなりません。ここで問題になるのが、災害に対してどこまで備えるのかと言うことです。もちろん、費用をかければかけるほど災害に強い構造物を作ることができます。しかし税金で賄う公共事業ですから、無尽蔵に費用をかけることはできません。そうす

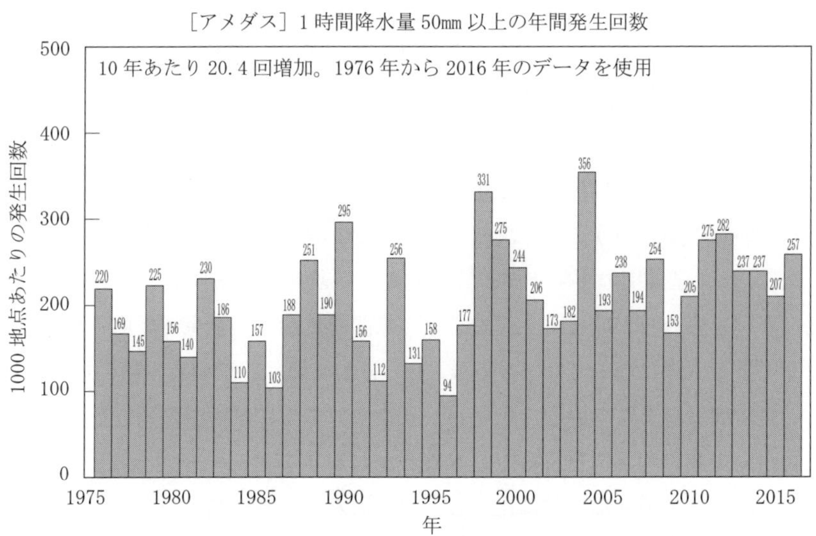

図1.3　激化する激化する自然災害の視点から

ると、どこまでの災害に備えるのかということに対して、何らかの目安や基準を決めておく必要があります。

この基準としては、一般的には過去に起こった最大の災害に備えるという形で基準を設定すると一般に説明し易く、設定もし易いということで、このような考え方がとられることが多いと思います。ただ問題は、災害が大規模化していくことです。より大きな災害が起こるたびに基準が更新されていかざるをえないということです。日本の耐震基準が最初に作られたのは、大正時代に起こった関東大震災の前後だと思います。その後、大きな地震が起こるたびに耐震基準が強化されています。こういう形で防災対策の費用というのは増えることはあっても減ることはないということです。

以上からお話ししたことを纏めますと、建設技術者不足というのは今後ますます深刻化します。また、熟練技術者がこれからどんどんリタイアされていきます。人口が減ってきて税収減でインフラの利用も減ってくると、将来的にはインフラ投資予算の縮小も覚悟しておかなければいけないと思っています。一方で、インフラの維持補修、修繕更新、あるいは災害対策の強化という難しい仕事がこれからどんどん増えてくるということです。要は、お金も人も限られている中で、今までよりも難しい仕事をこなしていかなければならないという状況になっていくと言うことです。

われわれ土木技術者の役目は、社会に対して将来にわたって安定的にインフラを提供していくことですから、その体制をどう作っていくのかを考えると、今までの延長線上で議論していたのではとても対処できない時代になってきたと思っています。

では、このような時代の中で建設分野というのはどれだけのポテンシャルを持っているのかということを次に見ていこうと思います。

図 1.4 は、産業別の平均年間総賃金水準、平均年間労働時間、就労中の年間死亡者数を表わしています。建設業界の年間総賃金は、全産業平均の８割に満たない賃金水準になっています。また、 労働時間は、全産業平均の約 18% 増しの長時間労働をしていることがわかります。さらに就労中の死亡者数は、建設業が全産業の約３割を占めていることがわかります。

建設業の就労環境は以前に比べるとずいぶんと改善されています。それでも他産業と比べると、きつい・汚い・危険という 3K の状態を脱し切れていないといわざるをえません。

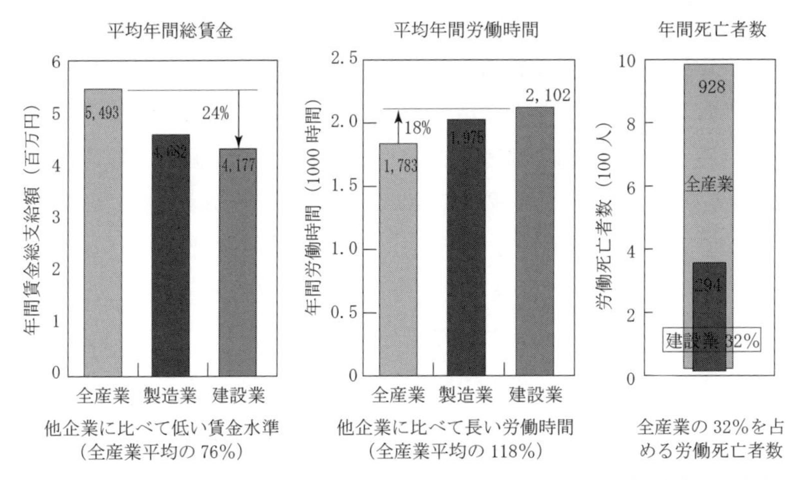

（建設業ハンドブック2017（一般社団法人日本建設業連合会）より作成）

図1.4　建設業界の実情

その原因としては、いろいろな原因が考えられますが、その一つは低迷する労働生産性だと言われています。図1.5は労働生産性の推移を表したグラフです。ここでは、1人1時間当たりお金に換算してどれだけの仕事をしたかで労働生産性を定義しています。全産業平均（○）と一般製造業（●）です。そして建設業（□）です。建設業は、実はバブルと呼ばれた高度成長期には一般

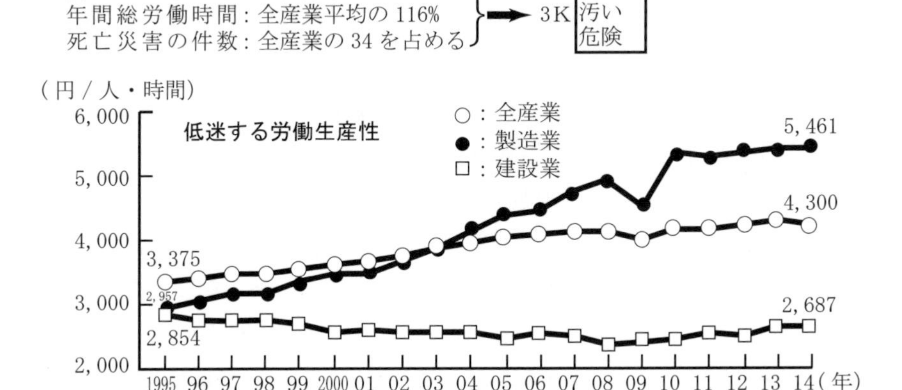

（注）労働生産性＝実質粗付加価値額（2005年価格）／（就業者数×年間総労働時間数）
出典：内閣府「国民経済計算」，総務省「労働力調査」、厚生労働省「毎月勤労統計調査」

建設業ハンドブック2015（一般社団法人日本建設業連合会）より

図1.5　建設産業の実情　労働環境・条件

製造業よりも労働生産性が高かったのですが、一般製造業は1980年代の後半頃から、工場生産で自動化技術等様々な合理化手段をどんどん導入していって、20年間で労働生産性を約2倍に改善してきています。一方で、建設業は、1995年以降インフラ投資予算が減少したのに対して、建設業従業者数や建設企業の数がそれに見合うだけ減ってこなかったので、結果として、小さなパイを多くの人で分け合って仕事をしてきたために、労働生産性を上げる必要がなかったのだろうなと思っています。ただし、これからはそういうことは言っていられなくなってきたということです。図1.5のグラフをどう見るかですが、建設業というのは、労働生産性を上げることができない産業とみるのか、今まで努力してこなかっただけで、その気になれば労働生産性をいくらでも上げる余地を持った産業とみるのか、どちらとみるかです。当然，後者としてみたいわけです。国はこのような背景を受けて、i-Constructionという施策を打ち出しました。

i-Constructionというと、ICTを導入して施工の合理化を図ることと考えておられる方も多いと思いますが、決してそうではありません。それだけではなく、現場の単品生産に替えて、規格を標準化してプレキャスト製品を増やしていったり、あるいは単年度発注に起因して季節で変動の多い発注を平準化して1年中コンスタントに発注が行われる体制を作る等、様々な施策により、生産性を大きく改善させて、3K（きつい・汚い・危険）で象徴される建設業の悪しき体質を（給料・休日・希望）で明るい展望を持つことのできる新3Kで象徴される産業に体質改善を図ることを目指した施策です。

今日はそういうことを頭に置きながら、主要な施策の柱の1つであるICTの全面活用の話をさせていただきます。

先ほどの背景のところで、課題が2つあるとお話ししました。人口減を背景に、建設従業者の不足が益々深刻化します。この点に対しては、少ない人手で作業を行うことができるような省人化を推進しましょうということです。今まで5人かかっていた仕事を3人、あるいは2人でこなす、場合によっては1人のオペレータで全部できるようにしてしまおう。あるいは、建設従事者の範囲を拡大していこう、高齢者や家庭の専業主婦、子育てが一段落した主婦の方々等、経験がない人たちにも生産を担ってもらえるような仕組みに変えていこうということが1つ目の柱です。2つ目は、建設投資がこれから縮小していくということを一定見据えた際に、どう対処していくのかということについては、当然限られた予算を最大限に有効に活用する必要があります。そのためには、施工を効率化して品質を上げることによって大幅な生産性向上を図る必要があります。このときに、闇雲にコスト縮減を行う、“安かろう悪かろう”を追求する話ではなくて、“安かろう良かろう”をいかに合理的に追求していくのかが求められます。そのために、ICT をうまく使っていこうという話です。

今日は ICT の切り口として、３つの話をしようと思います。情報化施工とロボットと CIM の話が今日のメニューです。情報化施工は重機制御の高度化ということで、省人化、担い手層拡大を目指して、重機の制御を高度化していこうという話と、現場の情報をうまく利用して精緻なマネジメントを行うことによって、過剰を削減して生産性の向上を図っていくという話。２つ目は、省人化、担い手層拡大を狙ったロボットの話。３つ目は、データの統合的活用によるインフラ整備の合理化、CIM のお話しを事例を挙げてご紹介しようと思います。

まず、重機制御の高度化の話です。重機制御の高度化は、マシンガイダンスやマシンコントロールという２つの技術が大きく取り上げられています。マシンガイダンスというのは、オペレータに操作を補助する情報を提供して、操作性や施工の精度を上げる技術のことです。マシンコントロールはもう少し進んだ技術で、機械の一部を自動で動かして、施工の効率や技術の精度を上げていく技術と定義することができます。

図 1.6 はマシンガイダンスの事例です。略して MG ともよばれています。こ

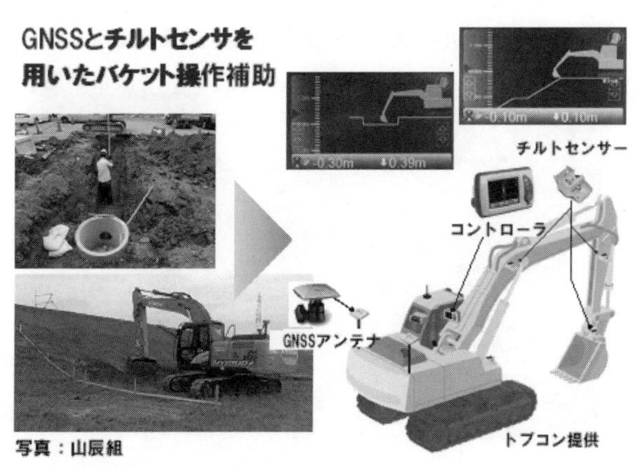

図１.６　マシンガイダンス（MG）の例

の油圧ショベルは衛星測位で、広い現場の中でどこにいるのかを特定できるようになっています。バケット、ブーム・アームにセンサーが付いていましてバケットの角度が計測されて、それをモニター上で表してくれる装置が付いています。

例えば、これは下水管の埋設工事です。下水管は自然流下ですから、下水管を埋設するトレンチの深さと勾配を設定通り仕上げなければなりません。これまでは、作業員の人が各点の深さを測量でチェックしていって、重機のオペレーターに所定の深さと勾配をもったトレンチが掘削されるよう指示を与え、調整しながら施工を行っていきます。

マシンガイダンスの機能を持ったショベルを使うと、ショベルのブーム・アームあるいはバケットの位置や姿勢は画面上で確認することができます。かつ、車載のPCの中にはトレンチの出来形に関する設計データが入っていて、それを同じ画面上に表示してくれます。このため、オペレーターはこの画面を見ながらバケットを出来形に会うように制御していけば、測量することなく所定の深さと勾配をもったトレンチを掘ることができます。

また、法面整形も同じです。法面の掘削あるいは整形作業も、これまでだと測量を行い、丁張りを何メートルかごとに打って、それを見ながら法面整形していくのですが、法面の出来形に関する設計データはPCに入っていますので、画面上でその出来形のデータとショベルの位置を確認しながらバケットを動かしてしていけば、丁張りを設置することなく作業を行うことができます。

図1.7はマシンコントロールの事例です。略してMCともよばれている技術

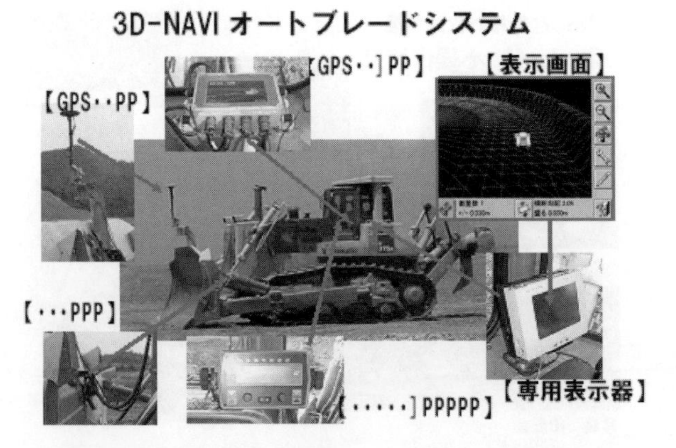

図1.7　マシンコントロール（MC）の例

です。例えば、道路工事では、一定の排水勾配を持った道路面を整形していかなければなりません。このブルドーザーのブレードには衛星測位のアンテナやチルトセンサーがついていて、かつ車載のPCの中には道路面の出来形のデータも入っています。そうすると、ブレードは道路面が所定の出来形になるように自動で動いてくれます。このため、オペレーターはブレードを操作することなく､機械を前後進させるだけで所定の排水勾配の道路面が造られていきます。

このような装置を用いると、測量を行ったり丁張りを設置する必要がない等の効率化を図ることができ、時間を大幅に短縮してくれます。時間を短縮するということは、機械を動かしている時間も短くなりますから、燃料の消費量も少なくなって、CO_2排出も少なくなります。すなわち、省エネ効果を期待することができます。今、省エネ型の建機を購入する際に経産省が補助金を出していますが（平成30年度で終了)、MGやMCような機能を搭載したマシンがその補助金の対象に入っています。非常に大きな省エネ効果があると認識されていまして、それもあって徐々に広まってきているということです。

次は、情報化施工の中でも、情報を利用して精緻なマネジメントを行い、過剰を減らして生産性を上げていこうという話です(図1.8)。その例として、ここでご紹介するのは大規模土工です。土を掘削してその土を他の施工に使っていこうという話です。その際、地形や地質、機械の能力等について綿密な情報を集めて、必要最小限の機械や資材の使用で所定の施工量が得られるような仕組みをつくったという事例です。少し古いデータですが関西国際空港建設時の

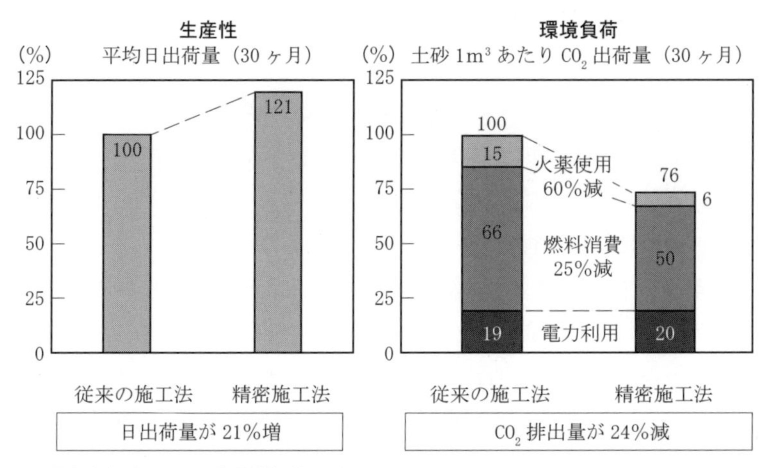

「生産性向上」と「環境負荷低減」の

図1.8　情報化施工導入の効果

話です。関空というのは、海を埋め立ててつくった空港です。関西の何カ所かから山を削り、それを土運船で運んできて、海を埋め立てて空港島をつくったというのが関西国際空港の工事です。4カ所から土を取ってきたといいましたが、今日ご紹介するのは、そのうちの1カ所、淡路島の北の津名、今は淡路市になっているところの工事の事例です。

ここの山では、昭和63年から平成11年の間に2,560万立方メートルの土を出しました。関空の1期島の造成のときです。次に2期島造成のときに平成11年から14年の3年間に同じく山を削って、2,500万立方メートルの土を出荷しました。1期島から2期島の造成工事に移るときに少し時間があったので、様々なICTを導入されました。そうすると、ICTを導入するビフォーアンドアフターでICTの導入効果を、比較することができるのですね。この意味で非常に説明しやすい事例であることから、14年前の古いデータですが、今でも使わせていただいています。

ここの現場では、山で土を削って出た土砂や岩をダンプに積み込んで運んでいき、大きな岩はクラッシャーで直径20センチの岩塊まで砕いてベルトコンベアで運んでストックヤードにため、またベルトコンベアでそれを引き出して、土運船に積み込んで関空まで持っていく工事を行っていました。ここで用いられている主な機械は、油圧ショベルが2台、ホイールローダが2台、積み込み機になるダンプトラックが10台です。油圧ショベル2台とホイールローダ2台が積み込み機になります。例えばホイールローダ1台にダンプトラック2～3台を1チームにして土を削ってクラッシャーまで持っていき、ダンプはまた帰ってくる一連の作業を繰り返していって、山を削っていく工事で、同時に4カ所で採土を行うことができます。地山は、硬岩、軟岩、土砂、いろいろな土で構成されています。土砂が取り易いからといって、土砂ばかり取っていると、後のほうは岩ばかり残って取れなくなってくるので、どこの土をどの順番で採るのか、計画的に作業を行っていかなければならない工事です。

ここの現場にICTを数多く入れたわけです。14年前の話なので、まだそれほど進んだGPSはなかったのと、RTK型のGPSは非常に高かったものですから、ディファレンシャルのGPSが使われています。あと、ダンプトラックにはどれだけの土を積んでいるのかという重量計をつけたり、クラッシャーにはどれだけの負荷がかかっているのかというのを電流計で計測したり、ベルトコンベアにはどれだけの土を運んでいるのかというトラックスケールをつけて、かつ要所要所にはCCVカメラを置きまして、こういったデータが全て光ケーブルを介してJVのメインPCに送られてきます。それをデータベースに入れて、その情報を各詰所にあるPCに配信していったわけです。

例えば、船積みのときに今日出荷する土はおかしいよという話になれば、今まではどうしていたかというと、JVの所長さんがそのような情報、報告をここの現場の係員の人から受けると、あちこちに電話をして、どこに問題があるかということを探って、それがわかったら、次に指示を電話で与えていたわけです。そうするとかなり時間がかかるわけです。しかし、このシステムを入れると、各詰所の担当者の人たちは、自分たちが持っているPCで、常に現場全体の同じ情報を同時に見ることができるわけです。ですから、各担当者はほかの現場のどこで何が起こっているのかが分かるわけです。ここで何か問題があれば、すぐにみんな自分のところのパソコンの周りに集まってきて、全体をチェックして、ここがおかしいねということになるとすぐにそれを改善する形で、現場の情報をうまく吸い上げて柔軟に施工の改善に取り組んでいったということです。

どれくらいの効果があったかというのを出荷量みると、1日の平均出荷量は、このようなシステムを入れる前を100とすると約2割増えています。面白いのは環境負荷でして、CO_2の排出量に換算しているのですけれど、これが随分減りました。電力利用は、実はほとんどクラッシャーで、クラッシャーを目いっぱい動かしているので逆に若干増えたのですが、必要以上の重機は全部削っていきます。ここで使っている重ダンプは80トン級の重ダンプです。その燃費はリッター250メートルですから、1台削るだけで随分と燃費が変わってくるわけです。結果として重機の燃料消費が25%減、火薬も必要以上に使わないようにしていくと60%減です。それをトータルすると、CO_2に換算して24%の削減を図ることができました。

このような成果が得られたという話を一般製造業の人達のところですると、なぜだと驚かれます。生産性の向上と環境負荷の低減を両立できるのですね。一般製造業の人たちは、乾いた雑巾を絞るようにしてCO_2を減らそうとしておられます。彼らはそれ以上CO_2を減らそうとすると、省エネ型の機械をお金をかけて入れるか生産性を下げるしかないのです。しかし、建設業では両立させることができます。なぜかという話ですが、建設業は不確定要因を多く含んでいるからです。例えば、雨が降ったらぬかるんで重機が走れないとか、トンネルは掘ってみないと支保工が決められないとか、事前に決めることができない要因が結構多いのです。けれども事前に設計や計画を策定しなければなりません。どうするかというと、現場の条件や環境は悪いときもあれば良いときもあるのですが、ある程度条件が悪くても工事ができるような設計や計画策定を行います。設計上の安全率等はまさしくそのものですね。不確定要因があるから安全率をかけておこうという話です。

しかし、現場の条件は必ずしも悪いときばかりではありません。もちろん悪いときもあります。条件が悪いときは、設定した計画や設計の通りに工事を行えば良いのですが、すごく環境が良いのに当初立てた設計や計画に基づき工事を行うと、必要以上の資材や機材を使うことになります。こういうところを現場で把握して、柔軟に減らしていったり、調整していくことによって、過剰なエネルギーや資材、労働力を減らしていき、最適な工事を行っていく仕組みを作っていくことを先ほどご紹介した淡路の現場では行ったのです。現場の状況把握とそれに基づいて施工法を調整していった結果、生産性と環境負荷低減を両立させることができた事例です。

20世紀型のインフラ整備というのは、高度成長期に効率的に早くインフラを作らないといけないということで、設計法を体系化して基準をつくって、施工のマニュアルを整備して、それに従っておけば一定品質のインフラを効率的に造ることができる仕組みをつくってきました。ある意味、この一律管理のおかげで日本は短期間に効率的にインフラ整備を実現することができました。これは決して否定されるものではなくて、そのおかげで、日本は海外でも驚かれるほど急速に質のいいインフラを整備してきました。

ただ、あまりこれをぎちぎちにやり過ぎてしまうと、ここから抜けられなくなるわけです。決して基準やマニュアルを否定するものではありませんが、それは標準としておきながらも、現場の中でうまく条件に応じて個別評価を入れていって柔軟に対応していくことによって過剰を削減して、資源を有効利用していく。それによって生産性を上げていくという話もあると思っています。

先ほどの現場は大きな現場だからできたのだろうという話もありますが、必ずしもそのような大きなシステムを入れなくても、工夫次第でこのような種はいろいろなところにあります。ここでは、山岳トンネルの事例を紹介します。決して小さな現場ではないのですけれども、山岳トンネルは、発破をかけて、ズリ出しをして、吹き付けをしてという作業で、空気が非常に汚れます。坑内の作業員さんは汚れた空気の中で仕事をすることができませんから、常に換気を行わなければなりません。換気は、大きなファンで新鮮な空気を坑内に送るわけです。ファンは当然所定の機能を発揮するように設計しておかなければなりません。トンネルのサイズ、発破計画、重機計画等に従い、換気ファンの大きさを決めていくわけです。

当然、空気が悪いとき、発破の後等ガスが残っているときやズリ出しや吹き付けコンコリートを打設しているときでも、作業員の人は中にいるわけですから、空気がきれいな状態を保てるよう、条件が悪いときを想定してファンの設計はなされます。しかし、トンネルの中は空気がいつも汚いかというと、決してそうではありませんん。例えば測量をしているときや支保工を立て込んでいるとき等は、それほど汚れていません。そういうときまで同じ出力で空気を送ると、必要以上の空気を送っていることになります。そこで、この現場ではCO_2や粉塵量や有毒ガス等を測って、空気がきれいと判断されたら70%の出力で、空気が汚れていると判断されたら100%の出力で空気を送ることによって､結果として15%の電力量を削減されました。このように､現場の中でちょっとした工夫で精緻なマネジメントを行うことによって生産性を上げていく取り組みはこれから望まれていくだろうと思っています。

次は２つ目のロボットの話です。多分ロボットの話は、私の次にお話しになる三浦さんの講演でご紹介があると思いますので、ごく簡単にお話ししたいと思います。建設分野のロボットは、一般製造業に比べると20年から30年遅れていると言われています。なぜかというと、一般製造業では作業の対象物の形や物性が大体固定されています。作業環境は屋内ですから一定していて、不確定要因が少ない。ベルトコンベアで作業対象物が運ばれてきて、ロボットはそれに対して作業するわけですから、ロボットは動く必要がありません。これに対し、建設現場というのは作業対象物は土や砂、岩、自然物ですから、物性を想定することは困難です。かつ作業環境は屋外で一定しません。雨が降ったらぬかるんで重機は走りにくいとか、不確定で変動する要因が非常に多い。かつ作業対象は山とか川ですから、それが向こうから来てくれることはなく、機械自身が動いていかないといけない。結果、建設作業を行うロボットには状況に応じて高度な判断を行う機能が求めらます。

こういったことを考えると、自立したロボットを実際の現場で使うことは簡単ではありませんが、それでも人が近づくことが難しい箇所の調査や修理、あるいは単純な試験を繰り返し行うような作業、あるいは調査に人手よりも、精度と効率と確実性が求められるような場合には、ロボットの導入が徐々に進んできています。

特にメンテナンス分野ではでロボットがよく使われています。例えば、長期間使用した下水管は劣化が進んでいます。小口径の下水管の中に人が入ることはをできませんので、ロボットが使われる。あるいは水道管の中も当然劣化します。水道水が入っていると調査ができないからとそれを止めてしまうと、断水しますよね。断水すると困るので、断水させないで調査するとなると、潜水艦のように水道管の中を潜っていって壁面を調査するロボットや、ガスタンクの上を吸盤でぺたぺた張りついていき、溶接部のチェックをするロボット等も使われています。

最近では小型無人航空機、俗にドローンと言われている機種がよく用いられますが、人がなかなか近づくことができない、高所の橋桁や床版の裏等もこれを使って検査する技術が徐々に導入されてきています。

さらに、建設ロボットは災害現場でもよく使われています。例えば土砂崩れが起きたときに人命救助を行わなければならない場合、あるいは土砂崩れで孤立した集落があるので、そこまで物資を運んだり、あるいは怪我人を移送するために早く道路を啓開しないといけない場合等、土砂を撤去しなければならないのですが、いつまた続いて土砂崩れが起こるかわからない。そうなってくると、人が立ち入ることができないので、無人の機械を離れたところから遠隔操作で動かして所定の作業を行っていく無人化施工技術が導入されます(図1.9)。これはそのために作られた専用機です。台数が限られていますので、日本国中どこにでもあるわけではありません。そうすると、どこかでこのような自然災害が起こり機械が要るとなっても、すぐに調達できるとは限りません。

そこで使われるのが、この人型のロボットです。これを災害現場周辺にある普通の重機の運転席に座らせてハンドルと腕を固定して、このロボットを操作することによって普通の重機を無人化施工のシステムに変えていこうという機械です。九州地整では、このタイプの機械ではありませんが、同種の機械を各所に置いておいて何かあれば、すぐに対応できるような体制を整えつつあるとお聞きしています。

ここで少し押さえておいたほうがいいと思うのが、建設分野の技術開発の特徴です。世の中で製品開発、研究開発、技術開発に一番お金を使っているのは、

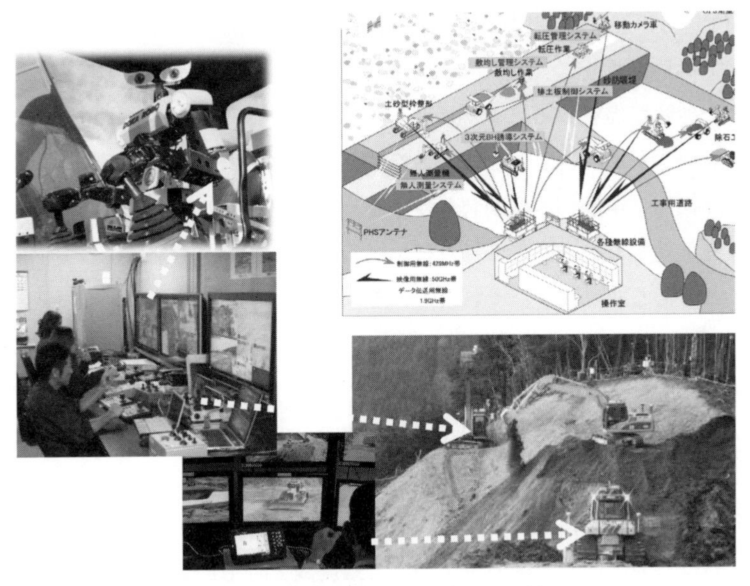

図 1.9　災害復旧で用いられるロボット

恐らく製薬メーカーでしょう。製薬メーカーは、多分総売り上げの1割とか2割の研究開発に使っておられます。一般製造業はどうかというと、総売り上げの4% を技術開発に使っておられます。これに対して建設業はどうかというと、0.4% です。建設業は、実はほとんど技術開発や研究予算をとっていないということです。このような予算制約の中で先ほど見ていただいたような無人化施工技術等の技術開発を行っているのです。

では、どのようにして技術開発の予算を確保しているかというと、実際の工事プロジェクトの中でその予算を使って開発するのです。もちろん小さな工事では無理ですが、大きな工事の中では様々な技術開発が行われています。ただし、その工事プロジェクトの予算を使うわけですから、当然その工事で確実に役に立つ技術をつくらなければなりません。そういう意味で、高度さよりも実用性が重視されるという特徴があるのだろうなと思っています。

典型的な事例が、雲仙普賢岳の砂防事業です。雲仙普賢岳の噴火のお話は、若い学生の皆さんはご存じないかもしれませんが、1990 年に長崎県の島原市にある雲仙普賢岳が噴火しました。沢山の方が亡くなられました。その後も火砕流や土石流が流れてくるわけです。周辺には集落があるものですから、そういったものを防がないといけないということで、砂防堰堤を造ろうということになったのですが、いつまた火砕流が襲ってくるかわからないので人を入れることができない。そこで無人化施工の技術、離れた場所から遠隔操作で重機を操作して砂防堰堤をつくっていく工事を20年間にわたって延々と行ってきたのです。砂防堰堤を作る工事プロジェクトとして行ってきたわけです。

様々な問題がありました。複数の機械を制御するので、電波干渉が起こったり、遠隔操作で現場の状況が判り難いことや、想定外の状況はもちろん起こります。施工効率も、人が乗る場合に比べると半分とか、場合によってはそれ以下のこともあるわけです。それでも、そういった問題をひとつずつ解決しながら20年間かけて延々と技術開発を行ってきて、現場で使いながら磨いてきたのです。その結果、東日本大震災（2011年3月11日）での福島第一原発の事故があったときに、瓦礫処理や建屋の解体でこの遠隔操作の重機を持っていってすぐに使えたのです。

原発というは非常に重要な構造物なので、仮にこのような事故が起こったときのためにということで、お金をかけて処理機を開発して大事に倉庫にしまっておいて、いざ何かが起こったというので引き出してきたら、恐らく使えなかったでしょうね。先ほど見ていただいたように、20年かけて延々と現場で使いながら技術を磨いてきた結果、ここの現場に持っていってすぐに使えたのです。

非常時というのは、普段当たり前のようにして使っている機械を持っていくというのが一番有効だろうと思っています。普段使っていなくて大事に置いておいたものがすぐ使えるかというと、そうではなくて、やっぱり非常時には普段使い、当たり前のようにして使っている機械を持っていくのが良いといえます。そのためには、現場において常にその技術を磨いていくプロセスを備えていくことによってこういう事例にも対応できる技術になっていくのだろうなと思っています。

３つ目の話。CIMのお話です。インフラ整備でデータを統合的に活用していきましょうという話です。もともと建築のBIM（Building Information Modeling）からきているのですが、日本では土木の分野にこれを適用するときには、CIM(Construction Information Modeling)という呼び方をしています。要は、土木の仕事は、企画、基本設計、実施設計、施工、維持管理、このようにプロセスが分かれているのですけが、この分断的なプロセスの中で、３次元の設計データを横断的に活用することによって、プロジェクト全体の効率化を図っていこうという話です。

例えば3Dの設計データがあると、施工計画も時系列を追って行えます。例えば、この道路がどういう手順で造られていくのかというのをシミュレーションすることができます。そうすると、鉄筋の干渉といったものを全部事前にチェックすることができますから、施工しているときに鉄筋が干渉して施工ができないというような不具合は事前に把握することができ、手戻りをなくすことができます。施工計画も３次元のモデルを使ってシミュレーションすることができますし、地元説明会でも、地域が時系列でどういうふうに変わっていくのかをビジュアルで説明することができます。すぐれた手法ということで、i-Constructionの中では、このCIMをデータの利活用を基調に置いているということです。

この辺は、坪香さんのご講演で御紹介されると思いますので、私は、CIMと言っていいのかどうかわからないのですけれども、それに類する新しい取り組みの話をさせていただこうと思います。これは愛知県小牧市の中小の建設会社さんの取り組みです。ご本人は零細と言われているような社員数が20～30名の会社の取り組みです。自分たちもCIMに取り組みたいのだけれども、自分たちのレベルではああいう３次元のデータモデルをつくってCIMを活用するのはなかなか難しいということで、自分たちでもできるデータの横断的な活用手法を考えられました。

今日、ご紹介するのは庄内川、名古屋駅の少し西の川の堤防工事で新しい情報共有システムの構築にトライされた話です。この工事は、庄内川の堤防の中にあった古い樋管を撤去して堤防を復旧する工事でした。動かす土量は3,000立方メートルぐらいですから、そんなに大きな工事ではないのですけれども、ここで、彼らは自分たちでデータの新しい利活用の方法を作られたということです。何をされたかというと、映像を撮られました。要所要所に、固定のカメラを置いて、そこの動画データを集めてきてそれを活用されたという話です。

ただし、動画はデータの容量がすごく多くなるものですから、タイムラプスという方法を使われました。動画と言っても最近の動画はデジタル動画です。たくさんの静止画像が繋がって動画になっています。そこで、例えば30秒ごとに１枚画像を引き抜いてきて、それらをつなぎ合わせてやると早送りの映像になるようなイメージです。こういう形でデータを残していかれたわけです。

例えば、これは現場のある１日の映像です。30倍速、150倍速、300倍速、900倍速の映像で現場の状況を見ますと、現場がどのように動いていくのかを見ることができます。どの時点でどの機械が入ってきて、どういう作業をしたか、それによって土がどう盛られていったのかを見ることができるわけです。900倍速のところは、もう暗くなって夜になっていっています。あるいは人の動線等も全部、これで確認することができるということです。大体、30倍速で１日８時間の作業が数分で再現することができる仕組みを作っていかれたわけです。こういった映像と他にも様々なデータを採られました。最近のデジタルカメラは優秀です。カメラ自身が場所と時間のデータも一緒に記録してくれるものですから、SDカードをパソコンに入れてやれば、その日の画像が時間に応じてきれいに整理されてデータベースの中に保存されます。そんな仕組みを作られたということです。

これを毎日ずっと撮っていかれたわけです。もちろんそれだけではなくて、雨のデータや気温のデータ等、その他の工事に関わる基礎的なデータも採りながら、それらを保存して日報代わりにデータセットを作っていったわけです。これをどのように利用されるかというと、施工中に仮にトラブルや事故が起こったとしましょう。あるいは供用後に何か不具合が起こったと想定しましょう。そうすると、どのような施工をしたのかが問われるわけです。事故や不具合が起こると、どんな施工をしたのかデータを出せと言われるのですけれども、その事故やトラブルに係わるデータを取っていないことが多いのではないでしょうか。当然ですよね、事故とかトラブルが起こることを想定していないわけですから。それを知っていたら、それが起こらないように事前に対処しますから、何か問題が起こったら、その問題の原因となるデータはないことが多いのですね。でも、映像や画像だと、定量的ではないのですけれども、網羅的にいろいろな情報を引き出すことができるわけです。ですから、先ほど見ていただいたような映像を見たら、どの時点でどういう方法で工事をしたか、そのときにどのような土が入ってきていたかということを確認することができるわけです。

またこの会社では、これらの映像データを社員教育でも使っておられます。この会社は、地元のＣクラスの会社で取ってこれる工事が数千万円の規模です。このため、各工事に配置することができる現場管理者は１人です。その人の知識やノウハウあるいは経験でその現場がうまく回るか回らないかが決まってきます。ですから、技術者の教育はすごく大事で、そのためには現場を経験を積ませるのが一番良いのですが、それほど現場がたくさんあるわけではありません。そこで、夕方になると、経験豊かな技術者の方が若手の技術者を集めて、今日の工事ということで先ほど見ていただいたタイムラプスの映像を流すわけです。この時点でこの重機が入ってきたけれども、実はこっちへ入れたほうがもっと効率的だったとか、ここの人の動線が危ないだろ、これは安全管理から問題があるのだという話をバーチャルで教育していくわけです。そういうふうにしながら技術者教育をしておられます。

さらにこの会社では、こういった一連の工事の映像データをストックして、アーカイブとして保存しておられます。そうすると、次に同じような工事がとられたら、映像を最初から最後まで流して工事の手順を確認するとともに、次の工事のときにここをこう変えよう等という議論が映像を見ながら行うことができます。さらにはできたら発注者の人とこういう情報を共有しながら工事管理も確認してもらえるような仕組みを作りたいという話をされています。

これをCIMと言えるかどうかという議論はありますが、データを横断的に有効活用するという意味では発想的に非常にいいなと思って、ご紹介させていただきました。

今日は、ICTの３つの切り口ということで、情報化施工、CIM、ロボットというお話をしました。３つが別々のもののようなお話をしましたけれども、多分、10年くらいしたら１つのものになってくるでしょう。我々はたまたま個々のある側面を捉えてロボット、情報化施工、CIMと言っているのですが、将来は一体的なものになっていると思います。そろそろそういう議論もしないといけないと思っています。i-Constructionでは、実はこういう発想も多分に含んでいると思っています。

今日は、ICT導入により生産性向上を図るという話をしましたが、ICTを導入することを目的としてはいけないということをお話ししておきます。図

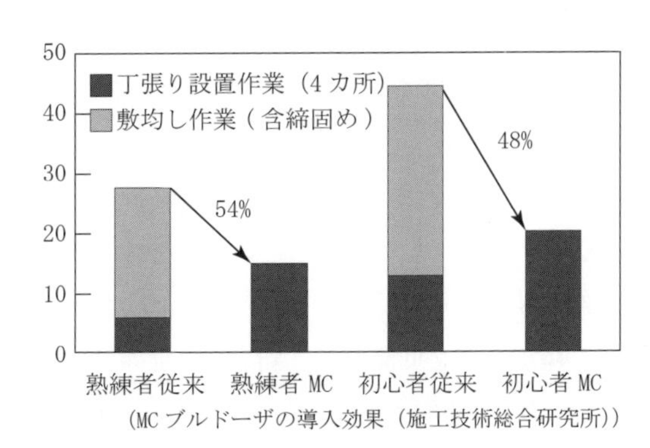

（MCブルドーザの導入効果（施工技術総合研究所））

図1.10　災害復旧で用いられるロボット

1.10は最初のところで紹介したMCブルドーザーです。ブレードが勝手に動いてくれるブルドーザーで、これを使うと敷き均し作業の所要時間がどれくらい変わるのかを実験で調べた結果です。オペレーターの習熟度により違いがあるかもしれないと言うことで、熟練のオペレータと初心者のオペレータに試験者になってもらい実験が行われました。MCを用いないと、丁張りを設置しなければならないという時間も含めてではありますが、熟練のオペレータも初心者のオペレータもMCを使うとおおよそ半分ぐらいの時間で作業を終えることができました。かつ、初心者のオペレータだと通常だと仕上がり面があまり平坦ではないのですが、この機能を使うと熟練オペレータに近い仕上がりに仕上げることができる効果があるという結果も得られました。

また、ドローンを使って航空測量を行うと、時間を大幅に削減することができます。例えば、ある事例では普通2ヘクタールの敷地の測量を行うと、普通の測量だと3日程度日数がかかり、そのデータ整理に10人工掛かります。これに対し、3Dレーザスキャナー測量だと1日で測量できて、データ作成は2人工ですみます。さらにドローンを使うと、同じ面積でも1時間で測量し、データ作成も1人工で行えるという結果が得られています。時間もコストも随分抑えられるという効果が出てきているということです。

もちろんICTを利用すると作業効率は上がり、人や時間の節約ができますが、大事なことは、ここで浮いた人や時間をどう使うのかということです。例えば先ほどのブルドーザーによる敷均し作業で、時間が半分になったからと言って、オペレータが休憩所でゆっくり休んでしまったら、ICTを導入した効果は消えてしまいます。ICTを導入したらどのような効果があるのですかとよく言われるのでが、そういう議論ではなくて、例えばここの現場では工期を半分にする、人を3分の2に減らすという目標を決めて、その目標を達成するためにどのICTをどう使うのかを考えることが重要です。

今日はi-Constructionのお話をさせていただきました。実現に向けてということで何度も言いますが、i-Constructionというのは従来の3Kの世界を新しい3Kの世界に変えていこうという話です。そのために、省力化、作業の合理化、作業時間の短縮、安全率の向上を図りましょう。それによって生産性を上げて、環境負荷を低減して、新3Kの世界に向かいましょうという話です。

ただ、3Kの世界から新3Kの世界は、坂をだらだら下りていけば行けるのかというと、実はそうではありません。やはり山があります。設備を導入した

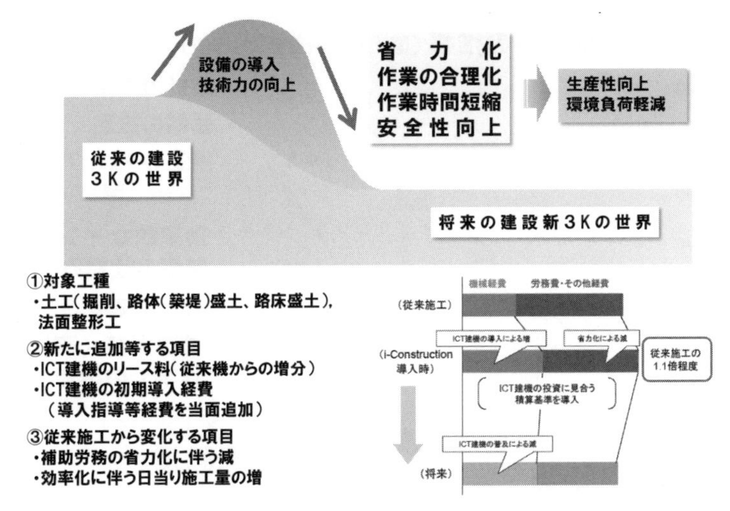

図1.11　i-Construction の実現に向けて

り技術力を高めたり、こういう山があります（図1.11）。山を越えないと新3Kの世界へは行けません。ここが問題です。ここをどう越えるかという話です。これに対して、国交省も積算基準を替えてその分みていこうということになっています。例えば､新しいシステムを入れたりソフトを入れたりする場合には、その分も少しみましょうということで、トータルとして、従来施工の1割増しぐらいの積算基準が設定されていると思います。こういう制度があるうちに、ぜひトライしていただくと良いのではないかなと思っています。

あともう1点だけお話ししておこうと思いますのは、今回の i-Construction で画期的だと思うのは、基準やマニュアルが見直されたことです。今まで基準やマニュアルは固定でした。基準やマニュアルが固定的であったため、そこで使われる技術も大体固定されていました。これが ICT の導入を前提として大きく見直されたのです。

ただし、それぞれの現場でどんな技術を使うのか、どう使うのかというのは、実はまだ確立されていません。したがって、基準やマニュアルは見直されましたが、それを現場でどう実現するのかというのはこれから現場で考えていかないといけない。これからそれを考えていくということがひとつのポイントになってくると思います。逆に言えば、新しい技術開発がこれからどんどん生まれる可能性を持っているということです。

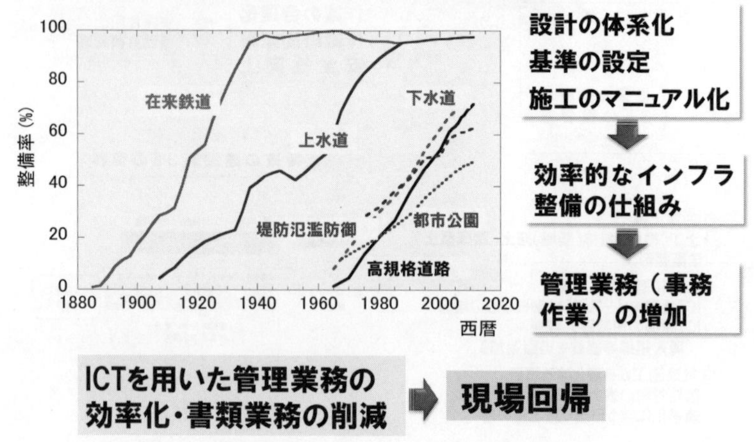

図 1．12　社会資本整備の推移

図1.12はインフラ整備の整備水準を表したグラフです。鉄道、上水道、下水道が明治維新以降、すごい勢いで整備されてきたかというのを表したグラフです。どうやってこれを実現したかというと、設計を体系化して、基準を設定して、施工のマニュアル化を図って、一定品質のものが効率的に作ることのできる仕組みを作ってきたのです。逆に言えば、技術者の仕事は管理業務が中心になってしまいました。基準を満たしているか、マニュアルは守られているのかをチェックすることが主要な業務になって、結果として、現場に出る時間がどんどん少なくなってきたのではないでしょうか。それが一番の問題だと思っています。

これらの管理業務は、ICTが得意とするところです。ICTをうまく使って管理業務の効率化、書類業務の削減を行って、技術者の人はもっと現場に出ていってほしいと思っています。こういう使い方をしてもらうと、新しい技術開発もたくさん生まれてきて、建設分野も活気が出てくるのではないかなと思っています。

今日のまとめです。

これから建設を取り巻く課題は非常に難しくなってきます。今までの延長線上の議論では対処できなくなり、我々は新しい仕組みを取り入れていく必要があると思っています。情報化施工とかロボットとかCIMというお話をしました。大事なことは、こういったものを用いるとこれまでできなかったことができるようになる。それをうまく生かしていかないといけない。単に、今まで人がやっていたことを機械に置きかえるだけでは全然効果が得られません。今までできなかったことをできるようにする、これがポイントだと思っています。そのときに、ICTを入れることが目的ではなくて、時間を短縮するとか人を減らすとか目的を決めて、それを効果的に達成するために必要なICTを適切に入れるという発想が大事だろうと思っています。

ICTをうまく使っているか使われていないかというチェックが必要になると思います。そのときに、何でもかんでも機械を入れたらいいというわけじゃなくて、やはり人がやったほうが良いところはあると思います。人がやるところと機械がやるところをうまく融合させて、両方の利点を生かすような融合策をつくっていく必要がある。そういったことをこれから現場でどんどんトライしてもらう、そんな仕組みをつくっていただくことが大事だと思っています。

今日お話ししたようなことは、実は、建設業だけじゃないのですね。日本国中のほかの分野、世界中でこういう動きになっています（図1.13）。AI、IoT等、

ドイツ：現代の産業革命 Industrie 4.0
第一次産業革命（18世紀後半）蒸気機関などによる工場の機械化，第二次産業革命（ 19世紀後半）電力の活用による大量生産，第三次産業革命（20世紀後半）電気とITを組み合わせたオートメーション化，第四次産業革命（現在）設計や開発，生産に関連するデータを蓄積・分析し，自律的に動作するインテリジェント生産システムによる生産管理.

アメリカ：先端製造パートナーシップ
(Advanced Manufacturing Partnership = AMP)
製造部門の雇用創出および米国の国際競争力強化を可能にする新興技術への投資．重要な国家安全保障産業の育成，工業製品に使用される先端材料の生産所要時間の短縮，次世代ロボティクスにおける米国リーダーシップの確立，製造工程のエネルギー効率の改善，製品の設計・作成・実験に要する時間を大幅に短縮する新技術の開発.

日本：世界に先駆けた「超スマート社会」の実現 Society 5.0
世界では，ものづくり分野を中心にネットワークやIoTを活用していく取組が打ち出されているが，これを様々な分野に広げ，経済成長や健康長寿社会の形成，さらには社会変革につなげていく 一連の取り組み．ビックデータ，IoT，AIを活かした世界の動き

ロボット革命実現会議：　人口減少社会を見通して，機械，情報分野に加え，福祉，農業，旅行業，医療，インフラ等の分野でロボット技術の導入を検討，技術と人，両者の利点を活かした融合策の追求．弱みを強みに

図1.13　ビッグデータ、IoT，　AIを活かした世界の動き

こういう動きはドイツのIndustrie4.0等でもどんどん進んでいっています。日本でもSociety5.0として動き出しています。ただ、日本の特徴はものづくりだけではなくて、様々な分野でこういう取り組みを進めようとしていることです。日本がなぜそういう戦略をとっているかというと、最初にお話ししましたとおり、これから働き手がどんどん少なくなってきます。それは日本にとってはすごい弱みなわけです。弱点だけれども、人と機械をうまく融合してそれをカバーできるような仕組みをつくることができたら、逆にそれが強みになります。そういう社会をつくっていこうというのが日本の戦略だと思っています。そういうことを先頭を切ってやれるような業界に、建設業はなってほしいと思っています。

第2章

i－Construction・CIMの取り組み

城澤　道正　（国土交通省大臣官房技術調査課）

現在、国土交通省が進めていますi-Constructionの取組みとCIMの導入・推進に向けた取組みの2点について説明します。

初めに今何故、i-Constructionを進める必要があるのか、わが国の建設現場の現状を踏まえて説明します。

建設業就業者数は、平成27年時点ではピーク時の9年と比較すると約3割減少しております。また、建設投資額は27年度時点ではピーク時の4年度と比較すると約4割減少しています。つまり、建設業全体の工事量の減少に連動する形で建設業就業者も減少していますが、工事量の減少幅の方が大きい状況にあります。このことにより、省力化につながる建設現場の生産性の向上に関する取組みが見送られてきた可能性があります。

建設業就業者の年齢の割合については、55歳以上が約34%、29歳以下が約11%ということで、高齢化が進行し、かつ若い新規参入者の割合が低い状況にあります。現在、建設現場で働いている技能労働者約330万人のうち、約3分の1に当たる約110万人が、今後10年間程度で高齢化等により離職する可能性があります。

現在はまだ55歳以上の方々が建設現場を支えることによって、わが国の建設現場が成り立っていますが、この方々の大部分が離職することが予想される10年後には、建設業が担っている地域の守り手という社会的使命を果たしていくのが困難になっていく可能性があることから、建設現場の生産性を上げていかなければいけないという状況に直面しています。

図2.1は、建設現場の労働災害を示したグラフで、左側が建設業と全産業の死傷事故率を比較したものです。建設業の死亡事故率は、全産業の約2倍になっており、依然として労働災害の発生率が高いことが分かります。右側のグラフは労働災害の発生要因ですが、「墜落」や「建設機械等の転倒、下敷、接触、衝突等」が多く、全体の約4割を占めています。

では、建設業の生産性の実態はどうなっているのか。産業別の労働生産性水

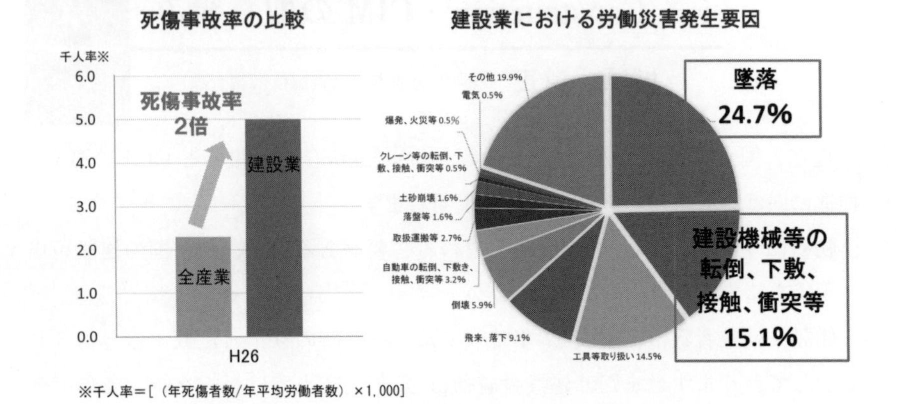

図 2.1　依然として多い建設現場の労働災害

準をアメリカと比較すると、例えば一般機械、化学の分野では、アメリカに比べて２割以上高い値となっていますが、建設分野はアメリカより２割程度低い値となっています。

次に、わが国の建設業の生産性について紹介します。トンネル工事を例としてあげますと、東海道新幹線を整備していた昭和 30 年代と近年（平成 22 年度）の新幹線整備にかかる労働力を比較すると、東海道新幹線を整備していた頃は、1 m整備するのに 58 人・日かかっていたところが、近年の新幹線は 1 mあたり 6 人・日程度で整備できているということで、生産性が約 10 倍向上しています。一方、土工とコンクリート工について、昭和 59 年と平成 24 年時点で比較すると、ほぼ横ばいの状況となっています。国土交通省の発注工事の実績をみますと、土工とコンクリート工が全体の 4 割を占めていますので、ここに生産性向上のメスを入れることで、効果的に建設業の生産性を向上できるのではないかと考えています。

今後 10 年間で高齢化等による労働力の大幅減少が避けられない建設業においては、いま生産性を向上させなければ、建設現場を維持し社会的使命を果たしていくことが困難な状況になると考えられます。しかしながら、見方を変えれば、この人手不足はイノベーションのチャンスといえます。建設企業の業績が回復し、安定的な経営環境が確保されつつある中で、生産性の向上に本格的に取り組むべき絶好の機会が到来したともいえます。今こそ、産学官が連携してi-Constructionを進め、建設現場の生産性革命を実現することが求められています。

次に、i-Constructionの位置づけについて説明します。

建設業のみならず、運輸業等各産業におきましても、少子高齢化は等しく直面している課題です。そのため労働者はどの分野でも減少していく訳ですから、今後、各産業が経済成長を持続するためには生産性を向上していかなければなりません。このため、国土交通省では28年に生産性革命本部を設置し、各産業、各分野において生産性向上に向けたプロジェクトを推進しています。プロジェクトは、①「社会のベース」の生産性を高めるプロジェクト、②「産業別」の生産性を高めるプロジェクト、③「未来型」投資・新技術で生産性を高めるプロジェクト、の3つの切り口で整理しています。国土交通省が所掌している分野を対象として、全体で20個のプロジェクトがあり、例えば、「i-Constructionの推進」は2つ目の「産業別」の生産性を高めるプロジェクトに位置づけられています。

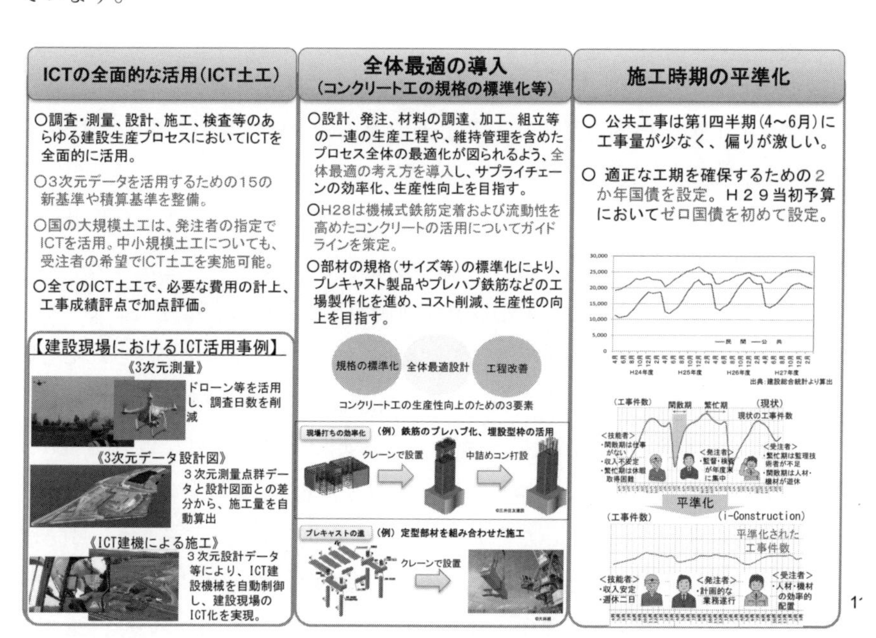

図2.2　i-Construction　トップランナー施策

i-Constructionの概要について説明します。i-Constructionでは、図2.2に示す3つのトップランナー施策を位置づけて進めています。

まず一番左側のICTの全面的な活用ですが、本施策は調査・測量段階から3次元データ等のICT技術を導入して、これを設計、施工、検査、維持管理の一連の建設生産プロセスの中で活用することで、生産性の向上を目指すものです。i-Constructionがスタートした28年度においては、土工工事において「ICT土工」を進めています。

トップランナー施策の2つ目は全体最適の導入ですが、これはコンクリート工を対象として、部材の規格（サイズ等）の標準化を行うことにより、プレキャスト製品やユニット鉄筋等の工場製品化を進め、資機材の転用等によるコスト削減、生産性の向上を目指すものです。

トップランナー施策の3つ目は施工時期の平準化です。国土交通省が公共工事を発注する場合、どうしても単年度予算の性格から4～6月の年度当初は発注手続き期間ということで、工事は閑散期になります。一方、発注年度内に工事を終えなければならないという既成概念に固執するあまり、年度末は繁忙期となります。このため、資材調達や人材確保という点で偏りが生じます。そこで、工事量を年間通してある程度平準化することで、資材や人材の効率的な配置等を図ることを目指しています。

3つのトップランナーについて、もう少し詳しく説明します。

まず、ICTの全面的な活用、ICT土工の導入について説明します。28年度は1,620件の工事をICT土工の対象として発注し、結果として584件の現場で導入することができました。ICT土工といった比較的新たな技術を活用した取組みを導入した場合、大手企業の受注割合が高くなるという想定もあったのですが、蓋を開けてみると、8割以上が地域の建設業社による施工となっています。実際に導入された施工業者にお話を伺いますと、効率化が図られたという声を多くいただいております。また、この様な新たな取組みを始めるにあたっては、講習、実習、研修が重要と考えておりまして、28年度には全国468カ所で講習等を実施しました。結果、延べ人数3万6,000人以上の方にご参加いただき、高い関心を持っていただいていることを実感したところです。引き続き、講習等を進めていくとともに、その中で基準類の改定等、最新の動向を説明していきたいと考えています。図2.3は、ICT土工の効果について、28年度の実績から算出したものです。土工工事における起工測量から測量計算、施工、

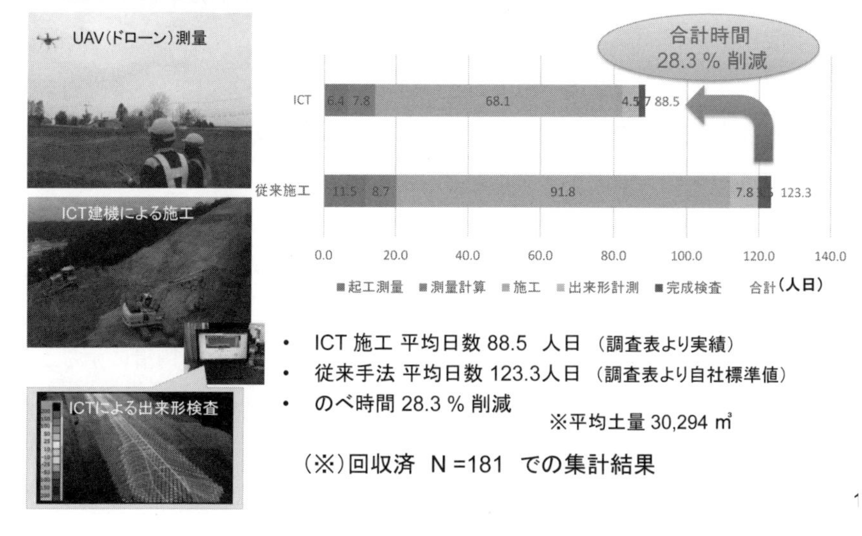

図 2.3　ICT 土工の活用効果（時間短縮）

出来形計測、完成検査といった一連の作業時間における削減量について、回収した181工事で算出しますと、合計時間で約28.3%削減できたという効果を確認しています。またICT土工の各事例につきましては、事例集として国土交通省のホームページに公表しています。引き続き実施事例を集め公表していくことで、今後、ICT土工にチャレンジする地域の企業や地方公共団体の参考となることを期待しています。

ICT土工を実施した結果、幾つかの課題が浮上してきました。不断の見直しを進めるというのがi-Constructionの考えの１つとなっていまして、ICT土工も28年度末には見直しを行っています。具体例が２事例ありまして、１つ目はUAVを用いた公共測量マニュアルについてです。当初はラップ率といって、写真の重なり率を90%以上と規定して進めていたのですが、非常にデータ量が多くなるということ、また作業時間もかかるということで、現場から軽減できないかという要望をいただきました。これを受けて、技術的な検討を国土地理院等と行い、ラップ率を90%から80%に変更し29年度当初より進めているところです。これにより、必要な写真枚数が約２分の１になり、処理時間の短縮、現場作業のさらなる省力化につながると期待しています。２つ目の見直しについてですが、UAVにつきましては28年３月にマニュアルを策定しましたが、今後、地上レーザースキャナの現場導入が進むことを想定し、29年３月に地上レーザースキャナを用いた公共測量マニュアルを策定しています。

続きましてトップランナー施策の２つ目の全体最適の導入について説明します。コンクリート工の規格の標準化等ということで、現在、３つの取組みを進めています。１つ目はガイドライン等の整備です。現場打ちやプレキャストにおいて、生産性を向上させる技術は種々存在しますが、これらを受注者が使用したいと思っても、基準類がないために発注者に品質の確保や安全性等の確認にかかる協議に時間を要するという実態があります。このため、生産性向上に資する技術に関するガイドラインを策定し、受発注者の協議を円滑にすることで、新技術の活用促進を図っていきたいと考えています。28年度は、機械式鉄筋定着工法、高流動コンクリートのようなスランプ値の高いコンクリートの活用、機械式鉄筋継手に関する３つのガイドラインを策定しておりまして、順次、直轄工事にて適用しています。今後は、埋設型枠、鉄筋のプレハブ化、さらにはプレキャストの適用の拡大に向けたガイドラインを策定してまいりたいと考えています。全体最適の導入に向けた２つ目の取組みは、打設の効率化ということでスランプ値の見直しを行っており、29年度より規定値を８センチから12センチに変更しています。また３つ目の取組みとして、プレキャストの積極的な導入に向けた検討を進めています。

続いて、トップランナー施策３つ目の施工時期の平準化について説明します。予算の制約上、どうしても発生してしまう閑散期と繁忙期の改善に向けた取組み内容であり、４月以降発注手続きを進めて契約し、３月末工事に完了するという従前のプロセスを変える必要があります。これに向けては、２年以上の予算執行が可能となる国債による契約件数を増やしていくこと、この中にはゼロ国債と言って契約初年度に歳出のない予算も含まれていますが、１年で終わるような予算ではなくて２年以上の工事期間をとれるような予算を活用しつつ、発注時期等をずらすことで３月から４月の落ち込みを減らしていくことを進めているところです。

28年度は、これら３つのトップランナー施策を柱として進め、29年度はさらに取組みの拡大を図っているところです。次に拡大内容について幾つか簡単に紹介いたします。

ICT工種の拡大ということで、29年度より舗装工や港湾工事の浚渫工事を対象とした「ICT舗装工」「ICT浚渫工」を進めています。これらはICT土工と同様、測量から設計、施工、検査においてICTを活用することとしており、実施にあたり基準類を整備しました。

また、橋梁分野でも一連の建設生産プロセスで３次元データ等を活用することとしており、「i-Bridge」という名称で試行を進めています。具体的には、設計から施工に３次元データを引き渡して活用すること等を目指し、入札・契約の話になりますが、ECI（アーリー・コントラクター・インボルブメント）方式を適用することにより、設計段階から施工者が関与する形で３次元データの作成等を進めていきたいと考えています。

次に、i-Constructionの推進体制について説明します。

29年１月にi-Construction推進コンソーシアムを設置(図2.4）し、その下に３つのワーキンググループを設けています。コンソーシアムには、建設関連企業だけではなく、IoTやロボットといった建設分野以外の様々な企業の方々にも入っていただいて、最新技術を幅広に建設現場に取り入れられるような検討を進めていきたいと考えています。i-Constructionの推進にあたっては、国土交通本省だけではなく各地方ブロックにもサポートセンターを設置しています。中部ブロックにおいては、i-Construction中部サポートセンターというこ

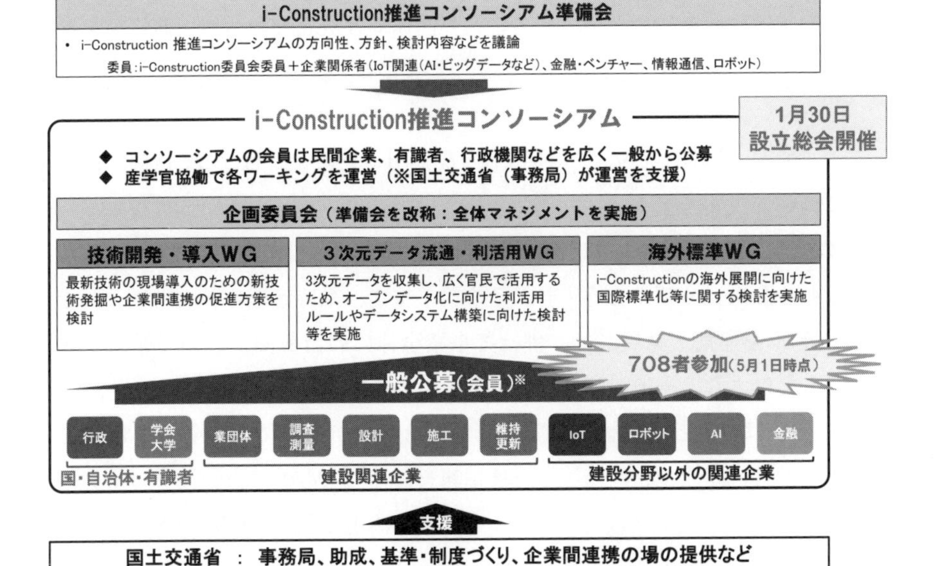

図2.4　i-Construction推進コンソーシアムの設置

- 産学官が連携・情報共有し、各地域において建設現場の生産性向上に取り組むため、i-Construction地方協議会を構築
- i-Constructionへの相談窓口として各地域にサポートセンターを設置

地方ブロック	i-Construction 地方協議会	サポートセンター
北海道	北海道開発局i-Construction推進本部 ICT活用施工連絡会	i-Constructionサポートセンター (北海道開発局事業振興部 011-709-2311)
東北	東北復興i-Construction連絡調整会議	東北復興プラットフォーム (東北地方整備局企画部 022-225-2171)
関東	関東地方整備局i-Construction推進本部	ICT施工技術の問い合わせ窓口 (関東地方整備局企画部 048-600-3151)
北陸	北陸ICT戦略推進委員会	北陸i-Conヘルプセンター (北陸地方整備局企画部 025-280-8880)
中部	i-Construction中部ブロック推進本部	i-Construction中部サポートセンター (中部地方整備局企画部 052-953-8127)
近畿	近畿ブロック i-Construction推進連絡調整会議	i-Construction近畿サポートセンター (近畿地方整備局企画部 06-6942-1141)
中国	中国地方 建設現場の生産性向上研究会	中国地方整備局i-Constructionサポートセンター (中国地方整備局企画部 082-221-9231)
四国	四国ICT施工活用促進部会(仮称)(H29.4予定)	i-Construction四国相談室 (四国地方整備局企画部 087-851-8061)
九州	九州地方整備局 i-Construction推進会議	i-Construction普及・推進相談窓口 (九州地方整備局企画部 092-471-6331)
沖縄	沖縄総合事務局「i-Construction」推進会議	i-Constructionサポートセンター (沖縄総合事務局開発建設部 098-866-1904)

図 2.5 i-Construction 推進体制とサポートセンター

とで、中部地方整備局の企画部に設置していますので、i-Constructionの関係でご不明点等があればご連絡ください(図 2.5)。 業界団体でもi-Constructionの推進・生産性向上の取組みを積極的に進めていただいております。(一社)日本建設業連合会を始めとして、各種業界団体で3次元の利活用、研修等を進めていただいています。

ここまでがi-Constructionの説明です。次に国土交通省におけるCIMの導入・推進について説明します。

まず、CIMの概要です。CIMとは、計画、調査、設計段階からCIMモデルと呼ばれる3次元モデルを導入し、その後の施工、維持管理の各段階においてCIMモデルを連携・発展させ、併せて事業全体にわたる関係者間で情報を共有することにより、一連の建設生産システムの効率化・高度化を図るものです。CIMモデルは対象とする構造物等の形状を3次元データで表現した3次元モデルに、部材の諸元や物性値等の属性情報を付与したもので、干渉チェックや数量算出、施工ステップの確認等様々な分析に活用できるモデルの事をいいます。

具体的な事例として、中部地方整備局におけるCIMの取組みについて説明

【工事内容】
・張出式橋脚工(RC橋脚)　2基
・回転杭　Φ800　70本

施工条件:構築する橋脚の上空に横断歩道橋、地下に共同溝が近接している。

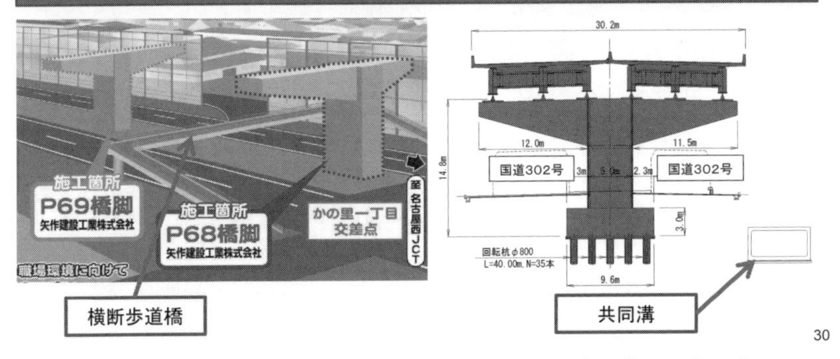

図 2.6　中部地方整備局における CIM 導入の活用事例①　工事内容

【目的】
・構築物および近接既設構造物の3Dモデル化による仮設等の干渉確認
・可視化による施工計画検討の効率化
・可視化による安全性の向上。

図 2.7　中部地方整備局における CIM 導入の活用事例①　目的

します。

1つ目は、国道302号の工事における CIM の活用事例です。(図 2.6, 図 2.7)

工事は RC 橋脚2基等を施工するものですが、構築する橋脚の上空に横断歩道橋、地下に共同溝が近接しているといった現場条件となっていました。そこで、近接の既設構造物との干渉の確認や、施工計画の検討のためにCIMモデルを活用しています。モデル作成にあたっては、現況道路および横断歩道橋についてはレーザースキャナで測量し、今回設置する橋脚や既設の共同溝はモデルを作成し、これらを重ね合わせてCIMモデルとしています。

作成したCIMモデルを使用し、干渉の確認や施工ステップを用いて全体工程の把握に活用されたと聞いています。

もう1つ、由比地区の工事について紹介します（図2.8、図2.9）。

本事例は深礎杭の工事となりますが、地下70メートルを超える深部、かつ狭隘な場所で配筋の作業をする必要があり、また急峻な作業ヤードでの重機作業といった非常に難しい施工条件となっていました。このため、あらかじめ深礎杭の配筋等を3次元化することで作業過程の可視化や、急峻な施工ヤードの可視化による安全確保の検討にCIMモデルを活用されたと聞いています。

続きまして、CIMに関するガイドラインや基準類の整備について説明します。

国土交通省では、CIMの普及方策等を検討するため委員会を設置しています。当初はCIM制度検討会という名称でしたが、28年度からはCIM導入推

【施工段階での活用事例②】

工事名　：平成26年度　由比地区深礎杭SC7工事
　　　　　平成27年度　由比地区深礎杭SC2工事
受注者　：（株）白鳥建設
　　　　　木内建設（株）

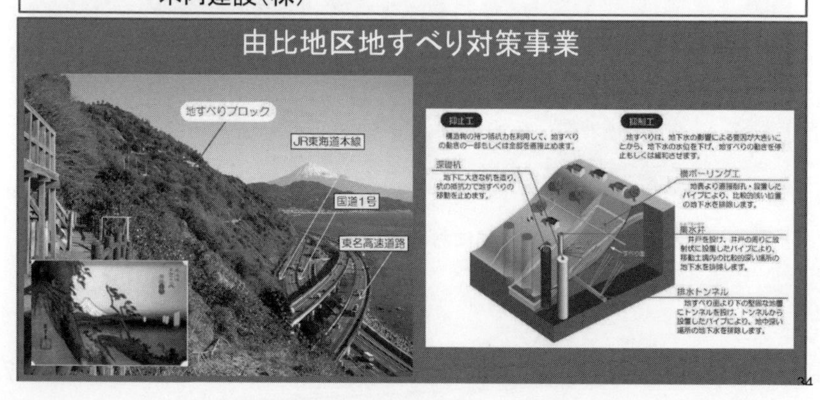

図2.8　中部地方整備局におけるCIM導入の活用事例②
施工段階での活用事例由比地区地すべり対策事業

【工事内容】
・抑止工（深礎杭）Φ5.0m　L＝72m～84m

施工条件：地下70m超える深さの狭隘な施工箇所での配筋作業
急峻な作業ヤードにおける重機作業

図2.9　中部地方整備局におけるCIM導入の活用事例②工事内容

進委員会という名称に変えまして、検討を進めています。委員会では、CIMの導入・普及に関する目標や方針の検討、実施すべき方策等について意思決定を行っており、産官学連携の下、議論を進めています。また、委員会の下に各ワーキングを設置し、より詳細な検討を行っています。

委員会は、委員長の大阪大学の矢吹教授を始め有識者の先生7名、国土交通省内の関係部局、および業界団体としてCIMに関係ある団体により構成されています。CIM導入推進委員会での議論も踏まえ、CIMの基準類を整備しています。28年度には、CIM導入ガイドラインを始めとして5つの基準類を新規または改定しています。これらについて具体的に説明いたします。

まず、CIM導入ガイドラインですが、1つ目のポイントは、試行事業で得られた知見やソフトウエアの機能水準を踏まえ、現時点で活用可能な項目を中心にCIMモデルの詳細度、受発注者の役割、基本的な作業手順や留意事項等をまとめていることです。併せて、CIMモデルの作成指針・目安、活用事例を掲載しています。これまでCIMを導入する場合、まずはどの様なモデルを構築するか受発注者間で協議してから進めていましたが、協議にあたって参考となる、目安となる資料がありませんでした。ガイドラインの策定により、1つの共通のルールができたと考えているところです。2つ目のポイントは、ガイドラインに記載されている全ての内容に準拠することを求めていない点です。事業の特性に応じ、受発注者間で協議して具体のCIMモデルの作成レベル等を決めていただきたいと考えています。３つ目のポイントはi-Constructionの基本的な考え方と同様、継続的に改善・拡充を図っていくこととしている点です。ガイドラインは、28年度から適用を開始していますが、実際にガイドラインを使ったうえで課題等が出てくると思いますし、ソフトウエア機能も向上していくものと考えており、これらの対応も踏まえまして、引き続きより良いガイドラインとしていきたいと考えています。

CIM導入ガイドラインは、共通編と各分野編の２編から構成されています。各分野編では、測量・地質・土質分野や調査・設計、施工の各段階において受発注者それぞれが取り組むべき内容を示すとともに、作業の流れと対応した形で目次を構成しています。共通編をご覧いただければ、実施すべき作業の概略が把握できるよう工夫しています。また、ガイドラインでは事業の各段階において作成、活用、更新例について記載しています。例えば、河川の例ですと、地質調査の段階での地形モデルの作成、設計段階での樋門・樋管のモデルの作成や活用方法について記載しています。

CIM導入ガイドラインを適用する事業ですが、今のところは土工、河川、ダム、橋梁、トンネルの５分野を対象としています。詳細につきましては、国土交通省大臣官房技術調査課ホームページに掲載しておりますので是非ともご覧ください。

先ほども申し上げましたが、28年度にはガイドラインを含めて、５つ基準類を整備しました。５つのうちの２つ目として、CIMの活用に関する実施方針について紹介します。実施方針では、29年度にCIMの導入にあたっては、発注者指定型と受注者希望型の２つの方式で発注することとしています。また発注者指定型であれば要求事項、我々はリクワイヤメントと呼んでいますが、CIMモデルを活用して受注者に実施していただきたい事項を定めています(図2.10)。例えば、属性情報の付与や受発注者間でのCIMモデルのデータ共有方法について検討していただくこと等を定めています。また、受注者希望型においては、これまで試行で活用効果が認められている関係者間協議等において活用していただくこと等を定めています。さらに発注者指定型、受注者希望型ともに、CIMモデル作成費やパソコンの賃貸借費について必要経費として計上すること、CIMを導入した暁には成績評価で加点することを定めています。

28年度に整備した基準類の３つ目、土木工事数量算出要領（案）の改定に

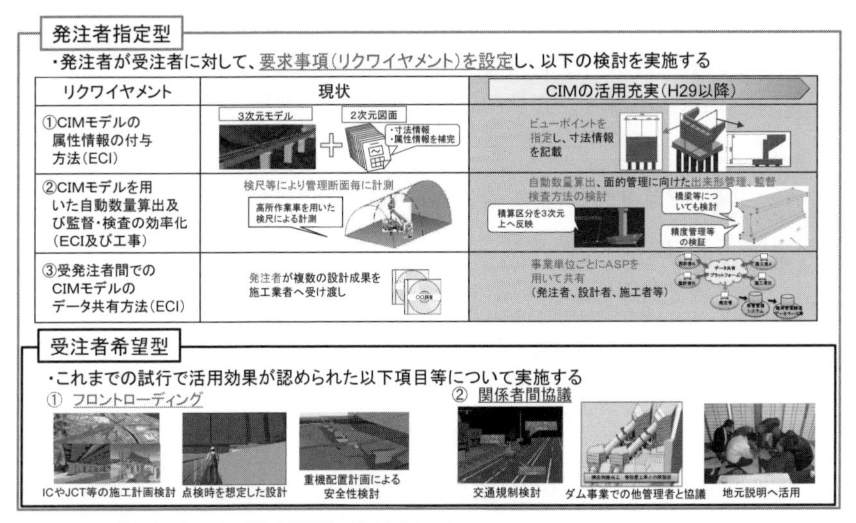

図 2.10　CIMの活用に関する実施方針

ついて説明します。今回の改定では、3次元のCADソフトの自動算出機能を用いてCIMモデルから数量を求めるための方法を追記しました。ただし、今回は算出例をいくつか追記したのみの対応となっておりまして、直ちに積算数量に使用して良いかどうか、また、2次元で算出した数値と3次元で算出した数値が異なった場合はどうすればいいのか等、具体的なところが定められておりません。これらにつきましては今後早急に整理して、せっかくCIMモデルを作成していただく訳ですから、作業の効率化に資するよう、自動算出した数量を積算等に使えるような内容に改定していきたいと考えています。

28年度に整備した基準類の4つ目は、CIM事業における成果品作成の手引きの改定です。こちらは,CIMモデルの納品のルールを整理しているものです。

最後の5つ目は、出来形管理、監督検査関係の要領の改定で、トンネル覆工の出来形をレーザースキャナで計測する監督検査方法をまとめております。29年度以降、これに基づいて幾つかの現場で測定を行い、実際の効果を検証し、最終的にどういう形の監督検査が良いか検討していきたいと考えています。

ここまでが28年度に整備した基準類の関係です。最後に今後の進め方について説明します。

◆28年度より土工を対象に、i-Construction のトップランナー施策である「ICTの全面的な活用」を先行的に実施
- 土工の現場で、測量・設計・施工・検査等の段階まで３次元データを活用する環境（CIMを活用する環境）を整備

28年度のICT土工やこれまでのＣＩＭ試行を検証

◆28年度中にＣＩＭ運用に必要となるＣＩＭ導入ガイドラインや基準類を整備し、ＣＩＭの円滑な活用を図る
- 土工において確実にCIMが活用できる環境を整備
- 土工以外のトンネル、橋梁、ダムなどの構造物においてもCIMの活用を拡大

「ICTの全面的な活用」を推進

図 2.11　CIMの導入による i-Construction の推進

CIM と i-Construction の関係がよくわからないということを言われます(図 2.11)。

i-Construction は 28 年度から開始していますが、CIM は 24 年度から試行を開始しており、取組みとしては CIM の方が先行しています。i-Construction における ICT 土工はあくまでも土工分野で３次元データ等を活用する取組みですが、今後、工種を拡大して各建設分野の生産性を向上していく必要があると考えています。具体的には、トンネルや橋梁、ダム等の大規模構造物の施工において３次元データを活用し、効率化を図っていく必要があると考えており、CIM の導入がまさに i-Construction の推進の基盤になるものと考えています。

今後の CIM の取組みを進めるにあたり、いま一度、CIM モデルにおける課題について説明します。

これまでの CIM の試行実績ですが、業務につきましては 24 年度以降 90 件、工事につきましては 25 年度以降 196 件行っています。試行業務・工事の受発注者に対して、CIM の導入により効率化が図られた利活用項目および導入にあたっての課題についてアンケート調査をしております。CIM モデル導入により効率化が図られた項目としては、可視化された構造物モデルを活用し、住民説明や関係者間協議を進めること、周辺環境、景観等のシミュレーションの実施結果を活用し発注者等と打合せすることにより「合意形成の迅速化」が図

られたという回答が最も多く、意思伝達ツールとしての有用性が確認されました。一方で、「監督・検査」、「数量算出」、「事業スケジュールの把握」での活用は少なく、CIMモデルの効果として期待されているものの、その機能が必ずしも活かしきれていない項目もあることが分かりました。CIMモデル導入にあたっての課題は、モデル作成の手順・手法に関する「基準類、ルールの未整備」が最も多く、今後、速やかに対応することが必要との調査結果となりました。次いでCIMモデル導入のための人件費や設備費等「費用の増加」、CIMに対応できる「人材の不足」、「ソフトウエアの機能不足」という回答が続いています。こういった各課題を受けまして、国土交通省としても種々の検討を進めていきたいと思っています。

具体的に、今後の検討内容について幾つかご紹介いたします。

まずは、CIMモデルの標準仕様の整備です。これは、先ほどの課題にもありました「基準、ルールの未整備」に対応するものです。まず、CIMモデルの使用目的をある程度整理したうえで、そのための必要なCIMモデルの属性情報等を整理していきたいと考えています。併せてCIMモデルを契約図書に活用する方策を検討してまいります。これらによって、設計から施工等にスムーズにデータを引き継がれることを期待しています。現状、設計で作成したCIMモデルが施工段階で引き継がれているかというと、たいがいはそうではありません。先ほど設計で90件試行を実施していると申し上げましたが、実際に設計段階のCIMモデルを施工に引き継いでいるのは、現時点で10件程度しかありません。つまり設計または施工のいずれか一方での活用になっていて、施工段階のCIMモデルは施工者が一から作成したものがほとんどです。建設現場の生産性の向上を図るためには、3次元データを測量・調査段階から導入し、その後の設計、施工、維持管理の各段階において情報を流通・利活用することが必要です。今後、CIM導入推進委員会等において議論を進め、基準類等の整備を進めてまいりたいと考えており、29年度中にまずは橋梁と土工について整理し、30年度以降にはトンネル、河川構造物、ダムについて整理していきたいと考えています。

続きまして、CIMモデルによる数量算出に向けた基準整備です。先ほども少し説明しましたが、CIMモデルを構築すれば数量の自動算出が可能となりますが、算出結果をそのまま積算の数量として使用して良いということは定めていません。今後、算出方法も今後詰めていく必要がありますが、現在の数量算出要領との関係も含めて整理し、そのまま使用できるよう基準類を整備したいと考えています。

CIM導入ガイドラインの拡充も図っていきたいと考えております。1つ目は現在のCIM導入ガイドラインにはない設備関係の拡充です。具体的には、水門のゲート等を想定していますが、当該分野ではCIMモデルの活用があまり進んでいませんので、まずは試行を実施していきたいと考えています。このため、29年度は30年度の試行に向けたガイドラインを整備する予定です。また、地質･土質の調査部分も拡充していきたいと考えております。国土交通省では、将来的に地質データ等はオープンデータとして広く提供していきたいと考えていますので、どの様にデータが活用されるかということを整理したうえで、地質・土質データの作成方法、例えばサーフェスデータが良いのか、単なる柱状で良いか等を含めて3次元化の方法を検討していきたいと考えています。その際、3次元にすると、今まで想定で補完していたところも、きれいに、あたかも正しいかのように表示されてしまいますので、可視化したことによって不測の事態・事故が起きないよう、データの利活用のルールを整理していきたいと考えています。さらに維持管理関係の拡充ということで、海外事例、これまで研究している事例等を拡充追加していきたいと考えています。

維持管理段階において3次元モデルを活用していくためには、既存構造物についても3次元モデルを作成していく必要があります。これに向けて、既存構造物を低コストで効率良く3次元化する方法、例えば点検にあわせて点群データをとって3次元化する方法や、既存の2次元データを活用して3次元化する方法等検討を進めていきたいと考えています。

また、CIMモデルを活用して既存構造物等を効率的に点検する方法も検討する予定です。現状は、打ち出した2次元図面を現場に持って行き、図面に手描きした内容や撮影した写真を事務所に持って帰り､資料をまとめていますが、例えば､ロボットや3次元計測機器の活用により記録の整理が自動化されれば、調書の作成等の効率化が期待できます。また、点検記録や写真等をCIMモデルを介して3次元的な位置情報と連携させることで、維持管理段階の診断や補修設計等の効率化が期待できます。技術の進歩が前提となりますが、3次元を使った場合の効率的な点検方法について検討していきたいと考えております。

CIMについては、国際標準の策定に向けてbSIという組織が検討を進めています。国際標準化に向けた検討状況を適時把握し、標準化された内容が国内での３次元データの利活用の支障とならないよう､必要な提案を行うとともに、国際標準が策定された後は、国内でのデータ交換標準として採用していきたいと考えています。

最後に、データ利活用方針について説明します(図2.12)。国土交通省では現在、今後の３次元データの利活用に関する方針を取りまとめております。構成は「第１　データ利活用方針の目的」､「第２　国土交通省の取組み状況」「第３　３次元データの利活用方針」「第４　データの利活用に向けた取組み」「第５　推進体制」「第６　スケジュールについて」の６章構成で考えています。このうち、肝となるのは「第３」「第４」の部分です。「第３」では、測量・調査、設計、施工、維持管理の各段階で３次元データをどうやって使っていくのかといったこと、また「第４」でそれに向けた具体の取組みを取りまとめて公表したいと考えております。

これらは、現在検討中のものでございまして、近々には公表し、引き続き３次元データの利活用の推進を図っていきたいと思っています。

３次元データの利活用につきましてはスケジュールが決まっております。31年度までには、橋梁、トンネル、ダム、舗装、維持管理の分野に３次元データ、

●建設現場の生産性向上に向け、国土交通省における建設生産プロセスの**各シーンでの利活用方法**を示すとともに、**データ利活用に向けた今後の取組みを示し**、３次元データの利活用を促進することなどを目的として、「３次元データ利活用方針」を検討(※)

(※) 未来投資戦略2017において策定を位置づけ

【目次構成】

第１　データ利活用方針の目的
第２　国土交通省の取組み状況：CIM活用モデル事業における効果と課題
第３　３次元データの利活用方針
　(1)測量・調査段階
　(2)設計段階
　(3)施工段階
　(4)維持管理段階
第４　データの利活用に向けた取組み
　(1)Ｇ空間情報センターとの連携
　(2)３次元データの仕様の標準化
　(3)既存データの利活用（既存構造物等の３次元化）
　(4)３次元データ利活用モデルの実現の支援
第５　推進体制
第６　スケジュールについ

図2.12　データ利活用方針の目的

ICTの活用を本格的に導入していくことになっています。残り3年で本格導入に向けた基準の整備等を進めていくということで、国土交通省として強力に推進していきたいと考えております。

以上で説明を終わりますが、詳細につきましては、国交省技術調査課のホームページを参照して頂ければと思います。御清聴ありがとうございました。

第3章

国内外のCIM利活用の現状、事例および今後について

矢吹　信喜（大阪大学大学院工学研究科教授）

本日は1時間ほど、このタイトルでお話しさせていただきます。

先程の話にありましたように、建設産業における課題は第1に建設分野の就業者の人数が減っていて、しかも一番問題なのは、若い層が減って高齢化しているので、高齢者たちがやめた後に担い手が不足して来ていることです。

2つ目の課題は、建設業の労働生産性が非常に低いということであります。製造業の約半分になります。

3つ目の課題ですけれども、1980年代の末ぐらいからアメリカでよく言われていたのですが、様々なソフトウエアがある。いろんな人たちがいろんなソフトウエアを使っていた。しかしながら、ソフトウエア同士でデータの互換性がないので各ソフトウエアが島のような状態になっていて、島と島との間に橋がかかっていない。要するに、自動化というが島状になっていて互いに、つながっていないという問題です。

4つ目の課題が分散であります。これは特に建築の分野ですけれども、施主がいまして、建築の設計者、構造、設備、ゼネコン、下請、その下、あるいは二次製品の会社、ビル管理会社等々たくさんの異なる人たち、しかもその人たちは地理的にも分散しておりますし、時間的にも分散している。そういう人たちが集まって話をすることがなかなかできない。結局コミュニケーションがどうしてもうまくいかなくて､それによってミスが多発し､事故だとかコストオーバーラン、工期遅延につながっていくと言う問題があります。

土木において特徴的なのが、発注者は大体、パブリックでありますので単年度予算。あとは､設計と施工が分割されている。入札という大きな壁があって、その前と後の間では情報のやりとりができないようになっている。またこれは国の工事で顕著なのですが、大きな工事現場であっても、それを小さな工区、ロットに切ってしまう。そうすると当然スケールメリットが出てこなくなる。縦軸は組織階層軸になっておりまして、元請がいて下請、その下請けと非常に階層化して深い。こういう問題があるというわけです。

先ほど杉浦さんの話にもありましたけれども、BIMという言葉が2004年ごろから盛んに聞かれるようになりました。このBIMという言葉は、実はその言葉ができる前からアメリカとかイギリスとかではコンセプトとして既にあったのですが、ジョージア工科大学のチャック・イーストマン教授がそういう動きを、BIM（Building Information Modeling）という言葉をつくり使い始めました。そして、その言葉が世界中に広まっていったというわけであります。

BIMは、３次元の建物のプロダクトモデルに様々なソフトウエア群で共有して皆さんで仕事をしているというやり方ですが、異なるソフトウエア同士でデータを交換したりするための手法として、プログラムとプログラムの間でコンバーターと呼ばれるデータ変換プログラムが必要になります。

このアプローチには、直接プログラム同士でやりとりする方法とプロダクトモデルというある程度標準化されたデータのspecificationに基づくステップを介して行う方法とがあります。どちらがコンバーターの数が少ないかといえば、後者が少ないのは当たり前ですので、この方法で進みましょうとなっております。

BIMですけれども、建築の設計のプロセスはWaterfall Modelといいまして、まず意匠設計、その下位に構造設計、設備設計、そして生産設計と、滝の水が下に落ちていくように進むからWaterfallと言うのですが、こういう方法で従来行っていました。

この方法は、何もなければ問題ないのですが、上流工程のミスを下流工程で発見したときに、ミスがあったぞということを上流に戻すことが非常に難しい。川の水を上に上げるのが難しいのと同じようなことです。

BIMでは同時進行的に１つの３次元モデルデータを共有して進みますので、同時にやるから、前は下流工程だった人も、上流工程の設計のプロセスをクラウド上で見ることができます。そうすると、ミスがあるよということを教えてあげることができるわけです。そうするとすぐ修正できるということでミスが減る。なおかつ、設計にかかる期間を短くすることができるというメリットがあります。

もう一つBIMのメリットとしては、フロントローディングがあります（図3.1）。これは機械系ですとコンカレント・エンジニアリング、同時進行的に行うエンジニアリングとも言われていますけれども、このグラフは、横軸が時間で縦軸が業務量あるいは効果になっておりまして、設計変更をどのタイミング

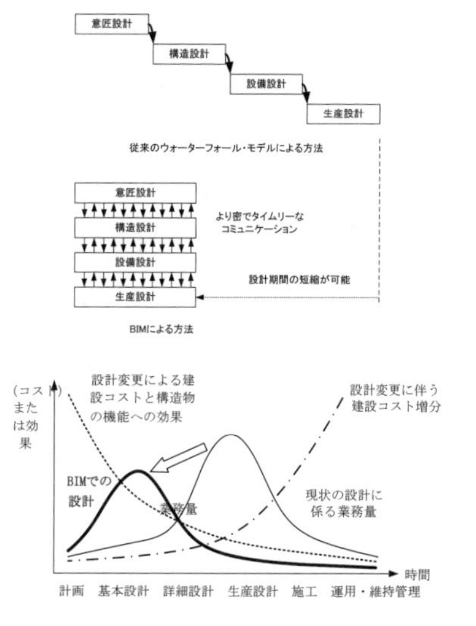

・建築分野でのWaterfall Modelによる設計プロセスを，3次元のプロダクトモデルを中心として，プロジェクトの初期の段階に，皆で，同時進行的・協調的・協力的に，短期間で，ほぼ全て行ってしまい，施工や維持管理で設計データを捨てずに活かす．

・「フロントローディング」（コンカレント・エンジニアリング）

・効率化，ミスの低減，コスト削減，およびより良い設計・施工の実現が期待できる．

図3.1　BIM

で行うと効果が大きいか小さいかを表しているのが右肩下がりの線です。右肩上がりの線は、設計変更をどの段階でやると建設コストがどれだけ増えてしまうかというものです。

設計変更は早い段階で行ったほうがいいに決まっているわけですね。現状のWaterfall Modelで進むと、こういうワークロードになります。つまり、詳細設計あるいは生産設計のところにピークが来ます。BIMの方法というのは、この辺にあるピークを基本設計、詳細設計に持ってきてしまうのが太い線になるわけです。そうすると設計変更による効果も増えますし、設計変更によるコストの増分が減るという一石二鳥の効果があることになります。

建築はこのようにして2004年ぐらいから、英米に追従するようにして、フランス、ドイツといろんな国がどんどんやっていったわけですが、土木はなかなか進まなかったのです。

日本では、2012年に、当時国土交通省の事務次官であった佐藤直良さんがCIM（Construction Information Modeling）という言葉をつくりまして、国土交通省でもそれをやったらどうだとおっしゃったわけです。そこで、国交省ではまず試行業務（設計）から開始しました。そして翌年の2013年からは試行工事も開始しました。

CIMという言葉ですけれども、実は、情報とか機械分野ではComputer

Integrated Manufacturingの略でありますので、他の分野で使うときにはちょっと注意する必要があります。

ずっとCIMにかかわってきているのですが、いろんな人から、何でCIMをやらなきゃいけないのかとよく聞かれます。それに対する答えとして私が考えているのは、土木の構造物は一般的にパブリックです。最近ですとJRとか電力その他民営化されておりますので、半分パブリックで半分プライベートな形になっていますけれども、基本的には公益事業なわけでありまして、公的あるいは公益的な事業を行う上では、その地域とその時代において適切な技術を使って、税金を無駄遣いしないように、しっかりコストを安くいいものをつくることが必要になってきます。

高度経済成長時代というのは、2次元の図面と三者関係でこの要件を全うできた時代です。要するに発注者は発注者の仕事、建設コンサルタントは建設コンサルタント、ゼネコンはゼネコン、各パーツが、自分たちが与えられた仕事を最適化するようにすれば全てがうまくいった時代であったとある意味考えられます。これを部分最適化の時代と呼びましょう。

ところが、1990年にバブルが崩壊しました。その後建設分野の労働生産性は、最初のうちは製造業とそんなに変わりなかったのですが、どんどん引き離されていってしまって、倍半分の関係になってしまっているわけです。その間、欧米の先進国の建設業の分野ではいろんな研究開発を行っていって、特に労働生産性を上げるための研究開発をコンピュータの技術を使って行うことをやっていたわけです。

もう一つ時代的な背景をお話ししますと、実は1990年は、日本ではバブルがはじけましたが、世界的に見たらもっと大きな大事件がありました。それは冷戦の終結であります。昔はソ連に行くとか東ドイツに行くということは、到底普通の人には考えられなかったわけですが、今では誰でも行けるようになっています。同時に、人だけではなくて、物、そしてお金が東西の間であったり、あるいは発展途上国からもどんどん行ったり来たりということが可能になってきました。

冷戦が終結したということは、アメリカの軍事としては、とりあえずソ連との間で核爆弾で攻撃しあうリスクはなくなったので非常に安心したわけです。そこで、軍事技術としてずっと開発を進めてきていたインターネット、GPSといった技術の民生利用を許可したわけです。そのときに、ただ誰でも使っていいですよということではなくて、アメリカがなるべく儲かるような仕組みをちゃんと考えていたわけで、それでベンチャー会社がたくさん出てきて今に至っているわけです。

そういう背景があるのですが、実は製造業は、この冷戦終結によって人、物、金が世界中をかけめぐるようになったので、今までと同じようなことをやっていたのでは、とてもじゃないけれども価格競争で勝てないということになった。

そこで考えたのは、1970年代、80年代から進めていたCIM（Computer Integrated Manufacturing）をライフサイクル全般にわたって適用させようということを始めたわけです。つまり、マーケティング、営業、設計、製造、保守を一体化して統合的にやっていくことによって、発展途上国ではつくれないようなものをつくっていこうというアプローチに変わっていったわけです。少しおくれて、米国の建設分野では日本のトヨタに学べとなった。

何を学ぶのかというと、Lean Technology、Leanというのは筋肉が締まっていて逆三角形になっている体型、要するに、ぶよぶよとした脂肪とかがない状態であります。トヨタのLean Technologyを建設分野に導入してLean Constructionをやろう、それを進めるのにBIMが最適だと彼らは考えたわけです。つまり製造業でのCIMに倣って全体最適化の時代にいくべきだと考えたわけです。

では、日本の建設分野はどうだったかというと、基本的に日本語しか通じない国ですので、海外の企業が入ってきて建設をすることは非常に難しいわけです。なおかつ、1990年代というのは景気対策を行ったので公共事業投資額は実は過去最大で、いまだにそれを超えることはありません。その後の2000年代に入ると、いろんなことがあって建設冬の時代になっていったわけですけれども、その当時アメリカはLean Constructionを推進していたわけです。

結局日本は、高度経済成長時代に成功した2次元図面と三者関係をずっと、2000年代になっても続けてきた。CIMというのは佐藤さんが2012年に始められたわけですが、こういう状態ではいかんだろう、我々土木技術者は説明責任を果たすような新しい技術を使ったマネジメントといったことをやっていかなければいけないだろう、CIMがその答えだと考えています。

CIMというのはいろんな定義があるのですが、私が考えている定義は(図3.2)、現在国交省が行っているCIMよりももう一歩先を行ったものを考えております。これは、計画段階から設計、そして維持管理と進んでいくわけですけ

・3次元の形状情報と属性情報を持つ標準化されたプロダクトモデルを，社会イエフラの計画，設計，施工，維持管理，更新（撤去）のライフサイクルを通じて，発注者，設計者，施工者，下請け業者，市民，各種団体が，必要に応じて情報アクセスの制限は加えるものの，基本的には皆でインターネット上で共有する．
・プレーヤが，時には共同作業を伴いながら，自分達のソフトウェアで同時進行的に行った作業成果をプロダクトモデルに加えていき，プロジェクトに関する会議室での，あるいはインターネットによる遠隔会議でのプレゼンテーションと意見情報交換を通じて，新しいアイデアを出し合う．
・これにより計画・設計・施工でのミスや無駄を減らし，プロジェクトのLCCの縮減，設計・施工の工期短縮，環境に配慮した，より良い社会インフラを建設し，供用する新しい仕事の方法である．

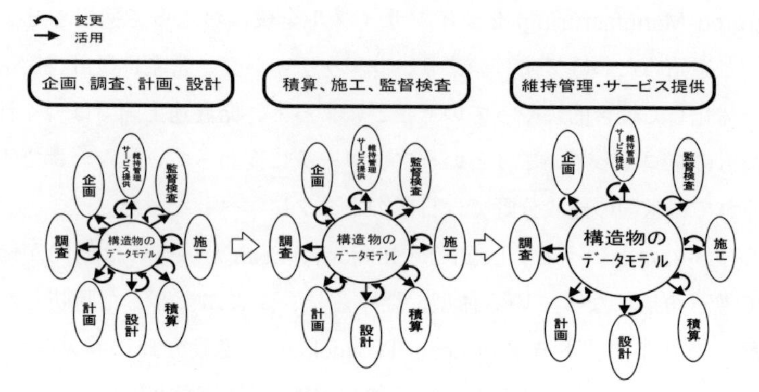

図3.2 CIMの私の定義と将来的なイメージ

れども、最初からチームをつくって、その中には維持管理の人も入るし建設の人も入ります。１つのデータを共有しながら、データをどんどん膨らましながら、捨てないでとっておいて、全部のデータを維持管理に利用するという仕事のやり方を考えております。

なぜデータが膨らんでいくのかということですけれども、実は、今までのような部分最適化の時代は、測量は測量として発注する、設計は設計として発注する、施工は施工として発注する、維持管理は維持管理として発注するというようにフェーズで発注していますと、例えば航空測量会社に地形図の作成を発注すると、航空測量会社は、内部では３次元のデータを実はつくっているのです。ずっと昔から、1980年代からつくっています。ところが、納品するときはマイラーとか紙で等高線を２次元で印刷して納入するわけです。それしか仕様書には書いていないですから、結局３次元のデータは捨てられていたわけです。

設計段階でも、３次元の景観モデルをつくろうなんていうときには、等高線をスキャナーでスキャンして、等高線１本１本に標高値を与えて、それを三角メッシュで表現して、こういう形になりましたというのをやったりしている。３次元モデルをつくって景観の検討の図をつくります。つくるけれども、発注者に図だけを出すわけです。モデルそのものは発注者には渡しませんので、３次元データそのものは捨てられてしまう。

施工においても同じようなことが行われてきているわけです。

維持管理においては、工事が竣工すると完成図書を残すわけですけれども、何か大きな事故とか災害が起こったときに、なぜそういう設計をしたのかとか、あるいは施工のときどうだったのかということを知る必要が出てまいります。ところが、そのデータを探しにいってもなかなか見つからないわけです。結局捨てられてしまったりしているわけですので、過去のデータを貯蔵していって捨てないことがこれから重要になってくると考えているわけです。

さて、その CIM でありますけれども、国土交通省では、2012 年から今年の３月までに試行業務・設計で 90 件を行いました。河川とか道路で分かれていますけれども、道路のほうが多いです。工事は 2013 年から始まりまして、今年の３月までに 196 件、設計よりちょっと多く行っています。

この内訳は指定型と希望型とありますけれども、指定型というのは、設計において CIM を使ってやったものをさらに施工において行うものですので、全体の中では設計から施工まで一気通貫で CIM を使ってやったパーセントとしては非常に少ない、10％程度ということがわかります。希望型というのは、請負業者が自分たちで希望して CIM を行うことで、試行の段階から CIM を行ったということです。

このように行ってきているわけですが、その間にヒアリングやアンケートを行って、効果としては、可視化によりミス発見とか市民への説明の円滑化、この辺は Public Involvement と非常に大きな関係があります。

それから、干渉チェックが自動的にできるようになりますので、手戻りが削減するとか、数量、例えばプラニメーターをぐるぐるぐるぐる回して面積を求めて縦横計算でもって数量を求めるなんてことを一切する必要はありません。一発で数量が求まってしまいますので、これは非常に効率化されます。

あと、安全に関することも向上します。

一方課題としては、ソフトを使える人が非常に少ない。それから、機器だとかソフトとかを購入しなければいけないので、やはりお金の問題等あります。あと、モデルをつくるのに作業量が増えてしまうといったことが課題だと言われております。

実は、2012年から国交省では、CIMの推進に関しましてはいろいろな検討会がつくられてまいりまして、最初は2つ、その後3つとなったのですが、昨年の6月に1つに統合しまして、CIM導入推進委員会というものができました。

昨年度はその下に3つのワーキンググループがあったわけですけれども、今年度は4つのワーキングで行う体制になっています。このCIM導入推進委員会の中でというか、CIMを推進してきた中で、ひとつの大きなマイルストーンとして、今年の3月31日に公表いたしましたCIM導入ガイドライン（案）があります。

ガイドラインといいますと、specification、仕様書みたいな強い拘束力があるとお考えになる方もいるかもしれませんけれども、実は、この導入ガイドラインというのはそういう強いものじゃなくて、一種のテキスト、あるいはこうやったらどうでしょうかという参考となるような資料と考えることになっており、なおかつ継続的に改善拡充することが決まっております。

そして、CIM導入ガイドライン（案）は、このURLから無料でダウンロードすることができます。全部ダウンロードして両面で印刷いたしますと厚さが3cmぐらいになる、かなりのページ数でありますけれども、共通編と各分野編と大きく分かれておりまして、各分野編は、土工、河川、ダム、橋梁、トンネルと分かれております。

その中で共通編です。CIMというとすぐに3次元の幾何学的なモデルだけと思われがちですけれども、実はそうではなくて、まずCG、Computer Graphicsでいろんな3次元モデルの捉え方がありまして、一番原始的なのは単純に幾何学的なモデルがつくられたもの。しかし、これでは実際の業務に使うことはあまりメリットがありません。大切なのは、オブジェクトとして一つひとつ、例えばこの橋脚のこの柱の部分とか縁の部分とかこういったパイルの部分とかいうのをひとつのオブジェクトとしてモデル化されているかどうかというところです。

2番目には、各オブジェクトに属性情報を付加することができるかどうかということです。つまり、例えばこのパイルが何製でどこのメーカーがつくったもので、幾らで、どこの工場でつくっているのか。コンクリートであれば配合とか、いろんな属性情報を付加することが大切になっています。

詳細度：CIMモデルの詳細度とは、CIMを活用する目的、場面、段階等に応じた3次元モデルの形状、属性情報に関する作り込みレベル（目安）を示すもの

＜主な目的＞

・受発注者間で、作成する3次元モデルの詳細さや作り込みレベルの認識を共有。

・設計から施工段階等へデータを受け渡す際の3次元モデルの要求レベルを共有。

（参考）橋梁の詳細度（例）

詳細度	工種別の定義	
	構造物（橋梁）のモデル化	サンプル
100	対象構造物の位置を示すモデル （橋梁）橋梁の配置が分かる程度の矩形形状もしくは線状のモデル	
200	構造形式が確認できる程度の形状を有したモデル （橋梁）対象橋梁の構造形式が分かる程度のモデル。 上部工においては一般的なスパン比等で主桁形状を定める。モデル化対象は主構造程度で部材厚の情報は持たない。 下部工は地形との高さ関係から概ねの規模を想定してモデル化する。	
300	主構造の形状が正確なモデル （橋梁）計算結果を基に主構造をモデル化する。主構造は鋼鈑桁であれば床版、主桁、横桁、横構、対傾構を指す。また、添接板等の接続部形状はここでモデル化する。 下部工は外形形状および配置を正確にモデル化。	
400	詳細度300に加えて接続部構造や配筋を含めてモデル化 （橋梁）桁に対してリブや吊り金具といった部材や接続部の添接板の形状と配置をモデル化する。また、主な付属物（ジョイントや支沓）の配置と外形を含めてモデル化する。接続部構造（ボルトはキャラクター等で表現）、床版配筋や下部工の配筋をモデル化する。さらに、各付属物の形状と配置を正確にモデル化する。下部工は配筋モデルを作成すると共に、付属物の配置とそれに伴う開口等の下部工の外形変化を追加する。	
500	－	－

土木分野におけるモデル詳細度標準（案）（平成29年2月　社会基盤情報標準化委員会　特別委員会）より

図 3.3　　共通編：CIM モデルの詳細度について

次は、モデルの詳細度というものがあります。

基本設計の段階なのに鉄筋１本１本配筋するのは無駄な作業ですので、段階ごとにこの程度でいいよとか、このぐらいまでいったらこのぐらい、最後のところはこのぐらいの詳細なモデルをつくってねというのを、アメリカの AIA の LOD の詳細度を参考にしながら、100・200・300・400・500 を提案したわけです（図 3.3)。

モデルといいましてもいろんなモデルがありまして、設計モデル、土工、地形、構造物、地質、土質、広域地形モデルといったものがあります。それぞれのモデルを統合化したのが統合モデルになります。

先ほど、ソフトウエア間で共有するためには、真ん中にある程度標準化されたプロダクトモデルが必要だと言いましたけれども、そのプロダクトモデルをつくる団体があります。それが buildingSMART International というものです（図 3.4)。これは、会員となっている国に支部がありまして、日本にも支部がありまして、buildingSMART Japan というのですけれども、buildingSMART International 全体としてプロダクトモデルの標準化を行ってきております。

国際検討組織
・buildingSMART International(bSI)が、2013年にBIM（建築）分野のIFCをISO16739として標準化した。
・現在、bSIでは土木分野のIFCの国際標準化を目指してプロジェクトを実施中。

ビルディング・スマート(buildingSMART International) とは
・そもそもは1994年にCAD会社中心の業界コンソーシアムを設立したもの。
・その後、建築構造物のプロダクトモデルを策定する国際的な非営利組織となった。
・豪、カナダ、中国、仏、独、香港、伊、韓国、蘭、ノルディック(フィンランド・デンマーク・スウェーデン)、ノルウェー、シンガポール、スペイン、英、米に日本を加えた16機関が参加。
・元々はBIMが対象であったが、2013年にインフラ分科会(Infrastructure Room)が設置され、土木構造物を対象にした検討も進めている。

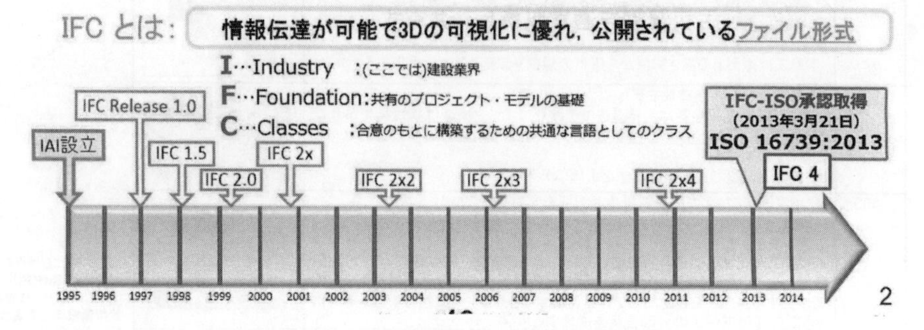

図 3.4　　国際標準化に関する動向

そのモデルの名前は、Industry Foundation Classes（IFC）と言います。この団体は1995年から始まっていまして、2013年３月にこのIFCが国際標準になりました。ただし、対象はまだbuildingだけです。ISO 16739という番号が与えられまして、buildingは国際標準規格、現在様々な３次元のCADのソフトウエアですとか、buildingの構造設計、あるいは構造解析、環境系のソフト、あとは測量、積算といったソフトがこのIFCに準拠しております。

一方、土木はまだそれができていないのですが、ようやく2013年にbuildingがISOになりましたので、インフラのほうも始めましょうということで、Infrastructure Roomという組織がbSIの中にできました。

日本の支部には、実は2004年から既に土木分科会というものがありましていろいろな活動を行ってきたわけですけれども、我々としては、当面日本が困らないようにする、時々は日本のスタンスを見せるという立場で活動を行っているわけでございます。

実は、韓国がIFC-Roadというのを数年前に発表しまして、２年前には中国がIFC-Rail、鉄道を発表して、彼らは国から相当なお金をもらって自分たちでモデルをつくって、それを国際標準にしようということで活動を行っております。

そういうこともありまして、我々日本として困らないようにということで活動しているのですが、やはり国土交通省といった国が関与していく必要があるのではないかということで説明をしておりました。

そこで、ようやく国際土木委員会というのが立ち上がりました。その国際土木委員会の位置づけですけれども、まずbuildingSMART Internationalがあります。ここにbuildingSMART Japanがありまして、ここにJACIC（日本建設情報総合センター）があります。ここにCIM導入推進委員会があって、社会基盤情報標準化委員会という国内向けの標準化を行っているところがあります。こういう形でやっていこうと。この国際土木委員会の事務局としては、building SMARTJapanとJACICが共同で行って進めていこうということで、先月10月にできました。

さて、そういうことでCIMは進んできているわけですが、一方で情報化施工は、先ほど杉浦さんのプレゼンにもありましたけれども、実は、2008年から国土交通省の中では情報化施工推進会議が始まりまして、どんどん推進していこうとしてきているわけですけれども、何がボトルネックになっていたかというと、設計が２次元の図面なわけです。そこからマシン・コントロールとかマシン・ガイダンスをやろうとすると、３次元のモデルをつくらなきゃいけないわけです。

請け負った建設会社が自分たちでそれをつくるためには、数百万ぐらいのお金がかかってしまっていたわけです。それが大変だということがボトルネックになっていた。であるならば、CIMで一気通貫に最初から３次元で設計すればいいじゃないかということをやろうとしていた矢先に、ちょうど2015年11月、今から２年前になりますけれども、国土交通省でi-Constructionを発表いたしました。これから生産性の向上を図っていくぞということで進み始めたわけであります。

2016年３月末には17個の基準を改善したりして、ものすごい勢いでICT土工というのを進めていったわけであります。これはドローンで測量を行って、３次元で設計をして、３次元で施工して、そして検査も３次元で行う。今までは施工のときだけ３次元で、検査は２次元でやっていたのを全部３次元でいきましょうと(図3.5)。

i-Constructionでは、もう１つの施策として、コンクリートは基本的には土

・国交省は，i - Construction を発表した．
・国交省大臣が，太田さんから石井さんに替わり，新機軸．
・キーワードは「生産性の向上」
・石井大臣は，2016 年度を「生産性革命元年」と位置付け．
・「国土交通省生産性革命本部」を設置．
・基本的には，CIM とそれ程違わない．
・主に土工を対象とし，コンクリート工も．さらに，施工時期の平準化も．
・とにかく急げ，2015 年度内に基準も変えろ！・・・

図 3.5 i-Construction：2015 年 11 月

木では場所打ちですけれども、それを将来的には標準化していってプレキャストでやっていこう。つまりある程度パーツをつくって、それをトレーラーとかトラックとか船とかで運んでいって、それを配置しながらつくっていこうということで生産性を上げていく。

３つ目の施策が施工の平準化であります。繁忙期と閑散期との間の差が激しかったのですが、２年国債を使うことによって平準化しましょうというのがあります。これによって生産性を２割向上させて、働き方改革とか賃金の向上とかいうのを進めていきましょうということで、最初の担い手不足の課題を解決しようという動きが i-Construction ということで進んでいるということになります。

さて、日本の話はこういう感じだったのですけれども、海外ではどうなのかということです (図 3.6)。

BIM といいますと、日本だと建築だけと思われがちですけれども、実は、欧米というか日本以外の世界では、BIM の B は建築物としての building という意味ではなくて、build、建てるの動名詞という位置づけになっておりますので、BIM といった場合には、日本でいうところの CIM も含まれています。ただし、どうしても Infrastructure の BIM ということを強調したときには、InfraBIM とか BIM for Infrastructure と言います。

いずれにしましても、イギリスにおいては、昨年から官庁の発注するほとんど全ての工事に関して BIM を義務化しております。これは土木も建築も両方ともそうです。実は、2010 年から 2015 年の５年間の間にイギリスでは、建物の１平方メートルあたりの単価の推移を調査してまいりました。そうしたとこ

- 英国
  - 2016年、BIMを義務化（一定規模以上の官工事全て）
    - 20%のプロジェクトコスト削減（2010年と比較して）
    - 欧州で（恐らく世界で）最もBIM化の先端を行っている
    - 国として積極的
    - 産業界と学会（大学や研究所）もハーモナイズ
    - 2次元図面を止めたわけではなく，3次元モデルと両立
    - 維持管理の情報マネジメントの標準化を推進中
  - 2025年のビジョン（完全BIM化）
    - 33%のコスト削減
    - 50%の工期短縮
  - HS2（鉄道）：215kmの高速鉄道Phase 1プロジェクトにBIM（日本でいうCIM）を利用する
  - 2016年にはLevel 2となり、2025年にはLevel 3へ

図 3.6　BIM/CIMの国際的な動向

ろ、20% プロジェクトコストを削減することができたという実績があります。

そういうことに自信を持って、2016 年には、BIM を義務化ということを既に行っています。2025 年には完全 BIM 化。この完全 BIM 化というのはどういうことかというと、橋梁とか鉄道とか道路とかの IFC が恐らくそのころにはできているだろうということで、そのころには ISO に従った BIM になっているはずだというのが 2025 年でありまして、そのときには 33% のコスト削減と 50% の工期短縮を目標としております。

官庁工事だけではなくて、鉄道も HS2（High-speed rail 2）というプロジェクトがありまして、ロンドンからマンチェスターまでの約 500km を高速鉄道をつくるプロジェクトを行っている会社があるのですが、ここは BIM を 100% 使ってやることが決まっております。それから、Crossrail という大きなプロジェクトがロンドンにありますけれども、それも BIM を使って行うことが決まっております。

このチャートは（図 3.7)、実は、イギリスのマーク・ビューという BIM タスクグループの長をやっている人とマービン・リチャーズという建築系の先生の２人が１晩で描いたという図ですけれども、これは、BIM を０・１・２・３という４つの Level に分けていて、Level 0 は CAD を使っているだけです。Level 1 というのは、2D と 3D がまじっている状態です。日本は大体 Level 1 にいる。イギリスはもう既に Level 2 に入っている状態です。

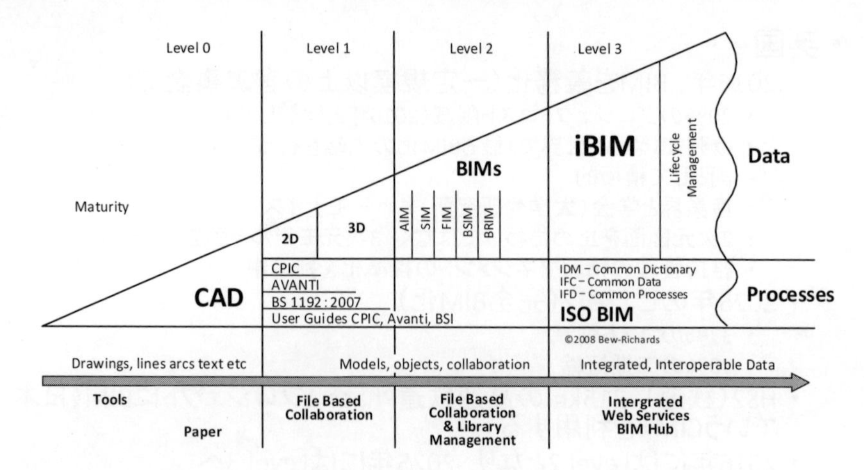

図 3.7　BIM レベルチャート

先ほど完全BIMと書きましたけれども、それがLevel 3になって、ISO BIMと書いていますけれども、そうなるのが理想だという図であります。

イギリスで1年半ぐらい前からよく言われておりますのは、Common Data Environment、CDEという言葉ですけれども、これはイギリスの打ち出した共通データ環境というもので、要するに、測量、設計、施工、その他もろもろのいろんなデータをクラウド上でみんながシェアして共有できる環境が必要だと。なおかつ、誰がどういうアクセス権限を持って行うか、あるいはデータをどういうふうにして誰に流しているといったProcedure、手続といったことを標準化していこうということを進めてきています。BS（British Standard）-1192というシリーズがありまして、それをつくってきたわけです。彼らは、これを単にBSにしておくだけではなくて、Publicly available specification（公的入手可能仕様書）というのに変えてきております。将来的にはこれをISOにしようと動いているわけです。

次はフィンランドです(表3.1、表3.2、表3.3)。

フィンランドは、建物よりもどちらかというとインフラのBIMにすごく力を入れていまして、2008年か9年ぐらいからInfraFinBIMという言葉をつくりまして推進しております。(InfraKITというのを北のほうにあるオウル大学がつくりまして、ベンチャー会社がヘルシンキにあります。これは、オートデスクのCADとかベントレーのCADとかいうのと違いまして、プラットフォーム。要するに、計画、設計、施工、維持管理にわたるまで様々なソフトウエア

表 3.1　　表題無、フィンランド、米国

- 米国
  - スタンフォード大学のMartin Fischer教授がCIFE（Center for Integrated Facility Engineering）で、VDC（Virtual Design and Construction）を推進
    - 産業界と共に、5Dモデルを使って、IPD（Integrated Project Delivery）を実施中
  - 他の大学でもBIMに関する研究は盛ん
  - 米国陸軍工兵隊はBIMデータでの納入を義務化
  - 国はCOBieの義務化へ
  - NBIMS-US（US National BIM Standard）の策定、公開、更新
  - CIM（Civil Integrated Management）を推進（道路）
  - BrIM（Bridge Information Modeling）を開発

Nobuyoshi Yabuki (c) 2017　32

表 3.2　　表題無、韓国、中国、シンガポール

- 韓国
  - BIM，CIM共に，非常に積極的.
  - 日本より先んじている.
  - bSIでも，Regulationの分科会の議長をProf. Inhan Kimが努めている
  - 道路のプロダクトモデルIFC-RoadをKICTが開発．bSIでPASを目指す
- 中国
  - BIM，CIM共に，非常に積極的.
  - 日本より進んでいるかも知れない.
  - 鉄道のプロダクトモデルIFC-Railを中国で開発．bSIでPASを目指し，将来は，ISOのISを狙うか
- シンガポール
  - BIMは，アジアでナンバーワン.
  - 既にBIMを義務化している.
  - 産官学が一体となって推進.

表 3.3　　表題無、台湾、香港

- 台湾
  - 産学官が一体となって，BIMを推進中
  - 国立台湾大学（NTU）土木工学科にBIMセンターを2009年に設立
  - CIMをBIMと分けていない
  - 台北のMRT，LRT，大規模な斜張橋，高速道路，高速鉄道等のプロジェクトで実行
  - 国（行政）はBIM Guidelinesを発行．（土木のCIMも含まれている）
- 香港
  - 香港科技大の土木環境工学科では，CIMは，Civil Information Modelingだと言っている
  - BIM/CIMに関する先端的な研究を実施
  - 実プロジェクトは，民間が主体となって実施

があって、様々なファイルがあります。それをクラウドの中で誰がいつ登録して、誰がいつ変更したといったようなトラックレコードが全て管理できるといったプラットフォームですから、どの会社のソフトウエアでも関係ないのです。ここにいろんな会社の流れがありますけれども、こういったものに依存しないというのが特徴になります。

次はアメリカです。

アメリカは、スタンフォード大学にCIFEという組織がありまして、これはCenter for Integrated Facility Engineeringというものですけれども、そこのディレクターであるMartin Fischer教授がVDC（Virtual Design and Construction）という、BIMと同じようなものですけれども、そういう言葉をつくって推進しております。

アメリカは、道路はほとんど州がつくっていますけれども、ミシシッピ川とか重要な港湾なんかについては、米国陸軍工兵隊（US Army Corps of Engineers）が発注しております。このUS Army Corps of Engineersが発注する工事についてはBIMで行わなければいけない、つまり義務になっております。

その他、COBieというのがあって、これは３次元モデルをbuildingの施設管理者が動かすのはなかなか難しいでしょというところで、US Army Corps of Engineersに勤めていたビル・イーストさんという方が３次元モデルの中の属性情報を自動的に抽出して、エクセルの20個ぐらいタブのあるシートがあるんですけれども、そこに自動的にドーっとデータが落ちてまいります。エクセルは誰でも使えますので、Facility managementを行っている会社の人たちは、エクセルだけを使えば、例えばこういうビルの空調だとか照明だとか椅子とか机とか電気の設備とか水道とかトイレとかいうファシリティのマネジメントができるという画期的なものです。アメリカでは、官庁工事についてはこのCOBieというのを義務化しております。

韓国については、先ほど言いましたように、IFC－Roadをつくっています。

中国は、IFC-Railをつくって推進している。

シンガポールは、buildingのBIMはアジアでナンバーワンと言われております。

台湾もかなりいろんなことをやっていまして、特に大学が教育に一生懸命やっています。

香港もそれなりに一生懸命やっていると思います。

ここから、少し歴史的な考察に入っていきたいと思います。

昔の人たちはどうやって建物の設計とか施工とかを行っていたのだろうかということですが、いろんな文献等を調べますと、基本的には絵です。あとは模型です。あとは見よう見まねで職人が弟子に教えるという徒弟制度で進んできました。

では、今のような２次元の図面が描けるようになったのはいつからなのかというと、意外と新しいのです。先ほど杉浦さんが、四角い図があって平面とか正面とか側面とか断面とか言われました。ああいう図面の書き方というのは、実は 19 世紀の初めにフランスの Gaspard Monge という学者が初めてつくったものです。これによって初めて２次元の図面で３次元のものを完璧に間違いなく他人に伝達することができるという技術ができるようになった。たかだか 200 年ぐらいしかたっていないわけです。

その後、技術開発が行われていってコンピュータができ、そして CAD ができたわけですけれども、一番最初に CAD をつくったのは Ivan Sutherland でありまして、1963 年であります。最初から３次元でやりました。彼はものすごい天才でありまして、それからわずか２～３年の間に Head Mounted Display までつくってしまったんです。「The Father of Computer Graphics」と言われています。これによって３次元の時代にだんだんと変わっていったわけです。

結局、長いこと絵だとか模型といった 3D でやっていたのが、19 世紀になって 2D で紙の図面でできるようになった。それが今度はコンピュータ、CAD、３次元 CAD のおかげで、また今度３次元に戻っていった。ただし、頭の中じゃなくてコンピュータに変わっていっているというわけです。

情報伝達という点からすると、大きなパラダイムシフトが現在進行中であります。情報の伝達というのは、基本的には人間から人間というのは当たり前で、ずっと昔からそれをやってきた。そのための手段として、パピルスですとか羊皮紙だとかいろんなものが開発された。基本的には人間が読めることが大切であり、電子化されたって人間が読めることが大切だった。ところが、90 年代から始まったパラダイムシフトでは、機械と機械あるいはコンピュータとコンピュータ同士で理解できることが必要になってきています。

例えば、図面は人間にとってはすばらしいですけれども、機械は自動的に認識して理解することができませんので、3次元で、しかもオブジェクト指向のプラダクトモデルでつくって、属性データを一つひとつに与えるといったことをして、初めてコンピュータが理解しているように振る舞わせることができるようになるわけです。そういうパラダイムシフトが起こっているわけです。

土木学会では以前、情報利用技術委員会というのがあったんですけれども、私が委員長をやっていたときに名称を土木情報学委員会とかえました。2012年のことです。土木情報学というのは、土木と情報学の融合領域で新しい学問分野としてきちんとつくっていこうと提言しております。

土木学会の前の田代会長は土木情報学に期待しておりまして、会長タスクフォースとして、土木情報学についてのテキストの基礎編も当学会から発刊いたしました。土木情報学の定義というのはここに書いてありますけれども、私はここに「学」を入れることに非常にこだわりまして、入れた限りにおいてはこれを学問にする必要があるということで、これを推進していこうと進めてきております。

この本は、今から6年前になりますけれども、「工業情報学の基礎」という本を出しまして、基本的な土木情報学を学ぼうと思ったときにどういう基礎的なことを知っておかなければいけないのかということを簡単にまとめたものであります。

さて最後に、少しプロジェクトマネジメントについてのお話をしたいと思います。

現在は、発注者がいて設計者がいて施工者がいるという三者関係ですけれども、実は昔は発注者だけしかいなくて、その後、施工者が出てきて、そのうち設計者が生まれてきました。今のところはこのようなDesign Bid Buildでもって進んでいるわけですが、そのほかにはDesign Build、DB方式ですとかCM方式、そのほかにもPPPとかPFIとかECIとかFrameworkとかいろんなものがあります。

国交省から何年か前に、デザインビルドとかECIのようなものはプロジェクトによりますねというお答えが返ってきていたわけですけれども、最近は大分風向きが変わってまいりました。それは、発注者責任で適切な発注方式をそれぞれのプロジェクトに応じて決定していくべきだと変わってきているわけです。建設マネジメント委員会で求められた多様な契約方式として様々なものが出てきております。

その中にECIがありまして、工事調達に加え、施工者による設計段階での技術協力を調達する契約方式があります。最近、ECIがだんだんと対応されるようになってまいりまして、例えば、熊本の災害復旧もECIが使われたりしています。

CIMにおいても、ECIをやるということはFront Loadingにもなりますし、Concurrent Engineeringを使うこともできるということで、ECIをやろうということで、中国地方整備局では、橋梁の設計図でECIをやりましょうということが最近進んできております(図3.8、表3.4)。

一方アメリカでは、2000年代から既にIPDという全く新しいコンセプトが出てきております(表3.5、表3.6、表3.7)。これはIntegrated Project Deliveryの略ですけれども、最初に私がCIMの定義を言ったのと似ているものですが、プロジェクトのチームを最初からつくって、それがずっと進めていくやり方であります。

どこが一番マネジメント的に違うかといいますと、そのプロジェクトのチームの誰かがプロジェクトのコストを下げるような提案をして、実際に下げることができた場合には、その下がった分の何%かをインセンティブとしてその提案した人がもらえる仕組みです。ですから、10億円安くなる提案をすると、例えば2割だったらば2億円もらえるという契約方式です。契約はプロジェク

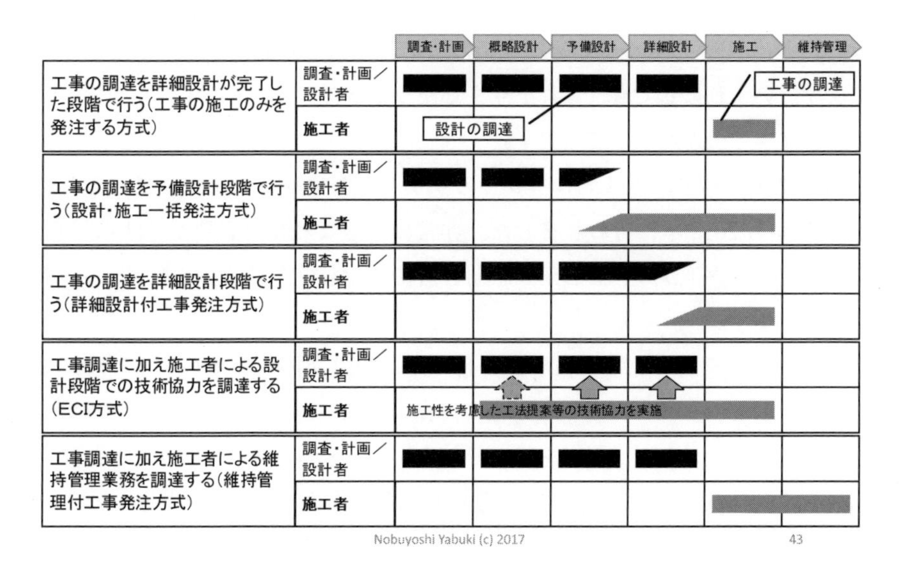

図3.8　多様な契約方式（土木学会　建設マネジメント委員会より）

表3.4　国交省ではECIをCIMで試行

・Design - Build (DB) は，日本では役所もコンサルも抵抗感がかなり高い
・ECI (Early Contractor Involvement) であれば，抵抗感が低くなる
・熊本57号災害復旧二重峠トンエル工事阿蘇工区・大津工区
・国道157号犀川（さいがわ）大橋の補修工
・BIM/CIMでは，Front Loadingが重要．Concurrent Engineeringによって，生産性を向上させなければ，BIM/CIMの価値は半減．
・ECIをやろう！
・属性情報の付与方法
・ＣＩＭモデルによる数量、工事費、工期算出
・施工段階を見据えたＣＩＭモデル構築
・ＣＩＭモデルのデータ共有方法－などの検討項目を設定
・ＣＩＭモデルで納品することを想定した属性情報の付与方法やＣＩＭモデルを用いた事業費・工期の算出方法、受発注者間での効率的なＣＩＭモデルの確認・共有・利活用方法などを検討
・中国地方整備局：「平成29年度岡山環状南道路大樋橋西高架橋等詳細設計業務」を公告
・詳細設計の段階から施工者が関与しながら，CIMで最適な設計を図る

トごとに違っておりまして、その人だけがもらえるのもありますし、下がった分の例えば20%をみんなで契約金額の比率に応じて分配する契約の仕方もあります。いずれにしても、これをうまく使うとプロジェクトはすごくうまくいく場合があるのがわかっています。

カリフォルニアのカストロバレーのサッター医療センタープロジェクトが2007年から2012年に行われました。非常に大きなビルの病院ですけれども、全体のコストが下がり、なおかつ工期も当初よりも短くて終了できたというものであります。

実は、土木学会の土木情報学委員会では、2013年の秋、今から4年前になりますけれども、アメリカがどんどんBIMが進んでいるみたいだから調査しに行こうということで、調査をしに行きました。そのときにわかったことですけれども、Program Managerという新しい業態があるのがわかりました。これが発注者と設計者、施工者の間に入っている。CMに似ているんですけれども、CMと違うのは、BIM、CIMの技術を駆使してプロジェクトの3D、4D、

表3.5　IPD(Integrated Project Delivery)

・米国で考案された，DB方式よりもさらに進んだ，BIMの技術を使った究極のプロジェクト遂行方式
・建築構造物のIPDでは，発注者（オーナ），設計者（建築家，構造技術者，設備技術者），請負業者（元請け業者と下請け業者も）が一つの団結し密着したチームを作り，プロジェクトの最初の段階から完成まで一緒になって，BIMの技術を最大限に使って，データを共有しながら，最適な建物を建てるという共有目的の下，協調的に遂行
・Cloudのサーバを使って，データを共有
・遠隔でもインターネットで，チーム全員が集まって会議をし，自分が儲けるとか楽をするとか，相手の粗探しをして非難したりするというのではなく，専門家としてプロジェクトの成功のために，知恵をしぼり，協力しあう．
・良いチームによるコラボレーションが重要
・部分最適化ではなく全体最適化が目指せる
・米国加州カストロバレーのサッター医療センタープロジェクトで実施（2007 - 2012）

建築家や構造技術者，設備技術者がプロジェクト・チームに主要メンバーとして入っており，彼らが設計を改善することによって，予定していた建設コストやエネルギーコストより安く出来たり，計画工期より速く完成したりすれば，それによって得られる利益の一部を得ることが出来る

表3.6　表題無、ppt46枚目

・　現状の3者関係で行うプロジェクトの契約方式とIPDの違いは，
前者は，設計者も施工者も発注者の決めた仕様書や契約図書の中で，自らの利益が最大限になるよう努力するが，後者は，参加者全員が発注者にとって利益になるように行動し，そうすることによって自らも利益が得られるという点である．
・　現在の方法では，発注者がよほどしっかりと監督をしなければ，安くて，良い物が出来にくい仕組みになっているのである．
・　日本で比較的品質が高い設計と施工がなされているのは，国民性もあるだろうが，もし手抜きやずるいことをすれば，商売を継続させていくことが難しくなる環境であることを知っているからであろう．
・　しかし，実際は大きな手抜き工事を意図的にやった準大手もあり，つぶれてはいない．
・　土木でもIPDが将来，望まれる所以である．

表 3.7 米国の BIM の Program Manager

- 2013年秋，土木学会土木情報学委員会主催で，米国の BIM/CIM の調査を実施.
- New York の大手建設コンサル Parsons Brinckerhoff 社でヒアリング
- 同社には，VDC（Virtual Design and Construction）の部署（約80名）があり，世界中の BIM/CIM，VDC に携わっている.
- Autodesk 認定指導者が15名，スタンフォード大学の VDC 認定資格者が7名在籍.
- 大規模な高速道路やビル再開発プロジェクトに BIM の Program Manager として参画し，発注者と建設コンサル，ゼネコンの間に入って，プロジェクトを 3D,4D，5D モデルを使って，仕切っている.
- Program Manager の契約額は，プロジェクト総コストの約1割に及び，2,000億円のプロジェクトなら，200億円が入る.
- 非常にやりがいがあり，会社の収益に大いに貢献している.

5D モデルを使って全体のプロジェクトを取り仕切る仕事です。それによって2,000億円のプロジェクトのうち10%、200億円の売り上げがあるということでありました。

私もそれを聞いて非常に刺激を受けまして、これから日本でも CIM 技術者をつくっていかなきゃいけないだろうと思うようになりました。実は昨年、CIM 塾を開講いたしました。一方、JACIC さんでは、CIM“Soluthon” というチャレンジ研修をもう既に行っています。大学でもやろうと私は思いまして、土曜日に集めて昨年始めてみました。大阪大学のオリジンは緒方洪庵の適塾でありますので、CIM 塾という名前をつけたところであります。

全部で11名が参加してくれまして、仮想プロジェクトとして、ここからここまで道路を設計しなさいという課題を出しました。今年度は、いろいろ反省しまして、1泊2日でホテルで泊まりがけでやろうということで、朝から晩までびっちり、東京と大阪2カ所でやりまして、18名ずつ参加してくださいました。

これは、JACIC の CIM チャレンジ研修についてであります。

私が昔から提唱しているのは国土基盤モデルというものでありまして、Cyber Infrastructure と Real Infrastructure を情報と通信によって結びつけて、効率的で安全で competitive な世界をつくっていくのを将来的な目標として研究しているところであります。

最後になりますけれども、「CIM 入門」という本を昨年上梓いたしましたので、もし御興味がある方は、なかなか書店で売っていません、理工図書、出版社が小さいので、Amazonだとかいうところで購入していただければと思います。

御清聴どうもありがとうございました。

第4章

ICTを活用した次世代施工システムの開発

三浦　悟　（鹿島建設株式会社技術研究所
プリンシパル・リサーチャー）

4.1　はじめに

私はゼネコンの研究所におりましていろいろな研究開発を進めてきました。先程、建山先生のご講演にありましたが、メーカーとは大きく異なり、売り上げの0.4%程度の少ない予算で頑張っているわけですが、その中で最近やっていることを中心にご紹介させていただきます。

まず申し上げたいのは我が国の就業者数が減ってきているという話です。1996～97年がピークだったのが、どんどん減っています。これが増えることはないだろうという現実があります。また、年齢別の就業者数は、1997～98年は20代、30代、40代、50代が同じくらいだったのが、現在は他産業の1.7倍と比べて、建設業では29歳以下の人の3倍以上の55歳以上の就業者がいるという統計があります。次に生産性に関してですが、20年ほど前は、製造業と同程度でした。ただ、それ以降建設業はほぼ一定だったのに対して、製造業は右肩上がりで伸ばし、現在、製造業の生産性は建設業の2倍以上になっています。ここに建設業が参考にすべきことが何かあるのではないかというのが私の問題意識です。

次に労働災害についてみると、全体的に件数は下がってはいるものの、常に全産業の3分の1の死亡災害を建設業が占めています。そして、建設機械に関する事故が全体の2番目に多いということが分かっています。

また、東日本大震災以降、地震、火山噴火、台風、集中豪雨、要するに災害対応の工事が非常に増えています。つまり危険性の高い作業が多くなっているということも我々の開発の背景の一つです。

以上まとめますと、人が減っているという話と生産性が低いという話、労働災害や事故がなくならない、危険な工事が増えていることに対して対応していかなければいけないということです。しかしながら、このような状況でも当然、品質は確保しなくてはいけません。コストは安く、工期は短く、その上で安全・

安心なインフラを確保してほしいという社会的要請があり、それに対して安全で確実で効率的な施工システム、施工技術が必要になってくるわけです。以降は、その視点からこれまで検討してきた事項に関してご紹介してゆきたいと思います。

まず情報化施工の話から始めさせていただきます。調査から設計、施工、維持管理という一連の建設事業の中で施工にスポットを当て、3D-CADやICTなどの活用によって得られる電子情報を利用して施工の効率化、高精度化を図るというものですが、この施工システムが成立する一番大きな技術要素は、リアルタイム測位、いわゆる衛星測位、GPS技術だと思っています。つまり、機械の動きや測量がその場でフィードバックできる。昔のように航空写真を撮って1週間後に成果が出るのではなくて、測りに行けばすぐ成果が分かるということが情報化施工の土台になっています。

その中心にあるGPSにはいろいろな測り方があるのですけれども、これからお話しする情報化施工から自動化まで、実時間、リアルタイムで20～50mm、すなわち、2cmから5cmの精度で測れるRTK-GPSという技術を使っています。

4.2 情報化施工システムの概要

弊社が行っている代表的な情報化システムの構成要素をこれから紹介します。

大分前の工事の話ですけれども、情報化施工を例として、揚水発電所の上ダムの工事の例を説明します。計画や作図の作業が省力化され、設計作業の効率化と高品質化を目的に導入した3D-CADによって、工事の進捗状況に伴うダムの形状が比較的簡単に作れるので、そのデータとGPSによって現場測量の効率が飛躍的に向上した例を示します。

これは2004年のGPSを用いたワンマン測量の作業状況です。この頃ようやくリアルタイムでGPSのアンテナの位置を2－5cmで測定することができるようになり、1人で現場測量ができるようになりました。当時はこのような形でGPSの信号を受信するため大きなアンテナが必要でしたが、最近は技術の進歩によって直径7～8cmくらいの小さく軽いアンテナで測量できるようになっています。GPSによってそこが設計に対してどのくらい高いのか低いのかがリアルタイムで分かるので、通常、現場では3人1組で行っていた横断測量が１人でできるようになりました。降雨時とか夜間でも測れるというGPSの優れた特長により、今では標準的に使われるようになっています。

次の例は先ほどの建山先生のお話にもありました3D-MCブルドーザです。GPSをベースに計測される三次元位置と設計データの差を基にリアルタイムでブレード（排土板）の高さを制御するブルドーザです。

オペレータが作業エリアを走行させれば、設定した厚さでまき出し作業が行えるようになっています（図4.1）。3D-MCの機能を利用したもう一つの例ですけれど、この図4.1のような直線的な斜面から曲面を連続的に作る作業も、位置毎の設計高さデータを持っているので、オペレータはブルドーザを走らせれば、ブレードが自動で動いて斜面部と曲面部が一度に施工できるという特徴を持っています（図4.2）。

図4.1　3D-MCブルドーザ

図4.2　3D-MCショベル

従来はどうであったかというと、丁張りを沢山設置して、熟練オペレータが油圧ショベルを繰って、バケットの高さを見ながら“ちょっと上”とか“ちょっと下”と合図しながら作業していました。このように、たくさんの作業員がいないとできなかったこのような作業が、一人で短時間に行うことができるようになりました。リアルタイムGPSの登場前後で隔世の感があるのがお分かりいただけると思います。

もう一つ、掘るとか削るということだけではなく、施工品質への応用の例を挙げておきます。盛り土の品質管理のための検査は、土の密度と水分量を計るRI装置で施工エリア内の地盤を直接計測して行っていました。昔は砂置換や水置換という手間のかかる方法でやっていたことを考えれば非常に簡単になったのですが、図4.3のように施工中に装置を現場に持ち込んで計測するため、安全性の向上と、検査の効率化が課題となっていました。そこで、盛り土の品質管理をGPSだけで代替する方法を開発しました。これは締固め機械ですけれども、盛土の品質は締固めの程度で評価します。そして、基本的に締固め機

図4.3 盛土品質管理－R１装置による締固め度計測

図 4.4　GPS による締固め管理システム

械の走行回数で決まります。図4.4のようにこの機械にはGPS用アンテナが付いているのでどこに行ったのかが計れるので、そのデータからあらゆる地点の走行回数が分かります。そして、締固め機械の全走行データから施工エリア全体の締固め回数を示すことで品質を管理しようという技術です。

振動ローラ運転席に締固め回数を示すモニタを設置して、オペレータはこれを見て、この場合は8回行きたいので、色付けマップ上で赤色にすればその工事は完了ということです（図4.5）。測位データを締固め回数に変換して施工管

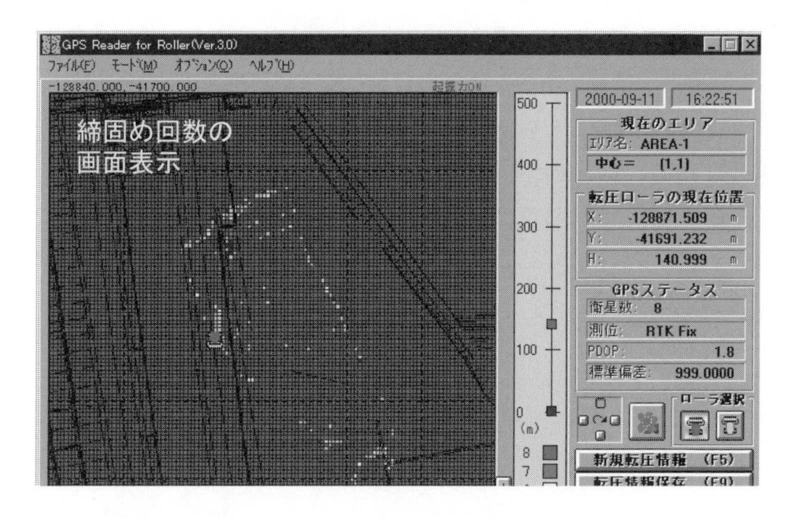

図 4.5　測位データを施工管理（締固め回数）として活用

理データとして活用したものです。施工情報を品質情報にしたという意味で一つの意義があったのではないかと思っています。

次にこれは弊社がやっている海外工事に導入した時の話ですけれども、GPSを見たこともない人達を一から教育をするわけですが、簡単に便利ですからすぐに使えるようになります。GPSが搭載させた重機を運転させれば、経験の少ない人でも、GPSによって短い時間で作業も施工管理もできるようになるのです。

全体的な流れをいうと3D-CADを中心にして設計があって、施工計画を検討し、それを実施工に持ってきて、さらに施工管理をして最終的に品質管理に引き継ぐということになります。これを情報化施工システムと我々は呼んでいます。

情報化施工システムのメリットとしては、誰がやっても同じようなことができる、品質のばらつきが少ない、熟練していなくてもまき出し作業ができるなどです。生産マニュアルによる工期の短縮も可能というメリットがあります。ただ、施工規模が小さいとなかなか導入コストに見合わりません。また、施工の検査に関しては、従来の検査方法はなかなか変えられず、GPSの締固め管理データ以外に検査装置を別途用意するということも間々あり、そうすると二重になってしまうというデメリットもありました。さらに導入当時は、GPSは誰でも扱える時代ではなかったので、技術者が不足するというデメリットもありました。その後、国土交通省にいろいろ考えていただいて、検査の方法をもっと簡略化しようとか、一律導入に対して補助しようとか、情報化施工を前提とした設計とか積算基準の見直しを行った結果が、現在のi-Constructionにつながっていると理解しています。

情報化施工は従来の施工技術にICTや制御という技術を融合してできた革新的な技術であり、この技術は建設業の施工生産性を製造業に近づけられる大きなポテンシャルを有していると感じていました。それとともに、この先10年、20年後の施工現場は、どうなっているのだろうか、どうあるべきなのか、ということを考えてきました。ということで、次世代の施工システムについてお話ししたいと思います。

4.3　次世代施工システム

次世代施工システムのコンセプトを申し上げます（図4.6）。使っているのは汎用機械で、それを自動化しようとするものです。機械は同じことをやるのが得意で、1日中ずっとやっていられるわけですが、例えば、次にどこに行って掘削すれば良いとか締固めれば良いかを機械が判断することは難しいです。すなわち、すべて自動で進めるのが難しく大変なので、その部分は技術者が担当することになります。

計画をして、ブルドーザはここに行って何㎥の土砂をまき出してくださいと指示すると、あとは機械が勝手にやることをイメージしまして、このようなコンセプトを作りました。こうすると、1人で複数の機械を管理指示できるようになります。また、人は機械に乗っていないわけですから、仮に機械同士がぶつかったとしても死亡事故は発生せず、究極の安全性が確保できることになります。

また、オペレータの操作データを分析すると人は、それぞれ作業のやり方が違うのです。そのことより、作業を機械に行わせるために作業を標準化しました。標準化によって効率的で品質の安定した作業を自動で行うことが可能とな

図 4.6　A^{4}CSEL®（クワッドアクセル）

図 4.7　自動化を目指した施工例

りました。すなわち、生産性、安全性が上がり、省力化も図れ、しかも品質を確保するということで、頭文字Aを4つ並べた自動化と合わせA４CSELと綴りクワッドアクセルと名づけました。

このクワッドアクセルはどういう工事を想定しているかを次にお話します。これは、ロックフィルダム工事のある日の状況をです（図 4.7)。これを見ればまさにダンプがダンプアップした土砂をブルドーザがまき出している。向こう側のエリアでは振動ローラが転圧している。そういう作業が連続して行われる生産システムであると見ることができます。また、ほとんど外に人がいないことが分かります。もちろん運転は全部人間がやっていますけれども、ほとんど機械がやっているのです。ダムの工事や大規模造成は、機械がもし自動で動けば、図 4.6 に示したようなものが達成できるのではないかと考えたのが開発のきっかけとなりました。

現在、振動ローラの自動化とブルドーザのまき出しの自動化を進めています。

まず、振動ローラによる締固め作業の自動化から始めています。クワッドアクセルの開発における特徴の一つですが、熟練オペレータの作業はどうなっているのかというデータを徹底的に集めて定量化しました。それと並行して自動の建設機械というのはまだ実在しなかったのでそれを新たに開発しました。

オペレータの定量化の話をさせていただきます。もう７年前になりますけれども、東北のロックフィルダムで熟練者が運転する振動ローラのデータを採ることから始めました。上手なオペレータは目印がほとんどなくても真っすぐ振動ローラで転圧できるのです。隣のコースにもすっと行けます。この一連の動きのデータと未熟練者の運転データと比べました。その差は歴然でした。その差を締固め管理システムで見ると、非熟練者は何がいけないかというと、未転圧の部分が出てくるわけです。そうすると、もう一回そこに行って作業することになるため、効率面と品質的に問題が生じるわけです。上手なオペレータと下手なオペレータがはっきりと分かるという例です。どこが違うのか？振動ローラは簡単に言うと切り返しと真っすぐ運転することが大切ですが、切り返しのときに、上手いオペレータはハンドルを大きく切って 1 回で戻すとスパッと隣のレーンにいきます。、非熟練者は何回も何回もハンドルを切るわけです。つまり蛇行してしまいます。また、ハンドルの切り方というのは、材料によっても切り方を変える必要があります。ハンドルを回す速度や切り角が実は違っていて、ロック材といって、岩の上だと雪道の走行と一緒で、ハンドルを速く

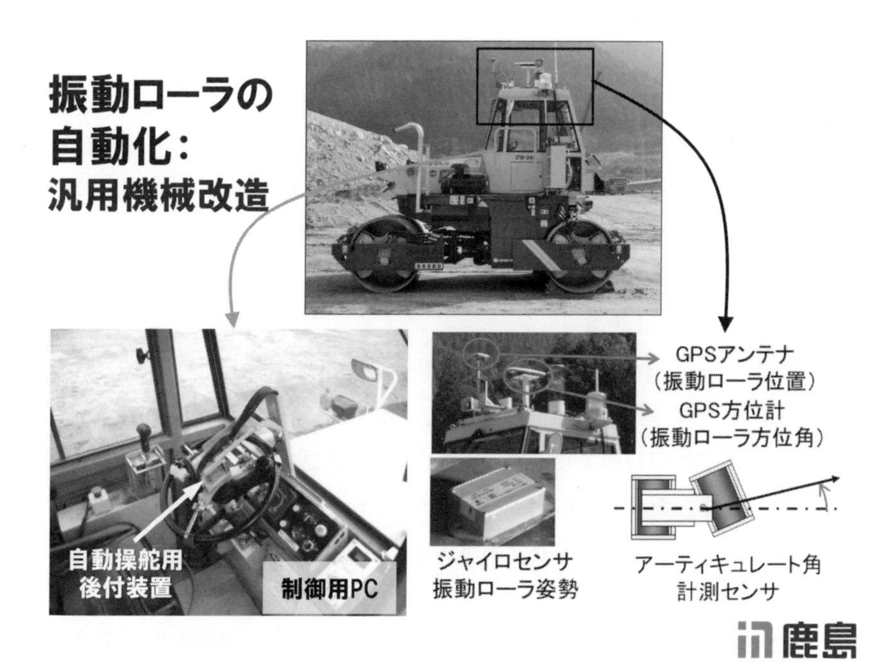

図 4. 8　振動ローラの自動化：汎用機械改造

回すと滑って車体が安定しないようなところがあって、粘土質のものと砂とロックは違うことが分かってきました。

運転の仕方が分かったので、自動化の検討を進めました。市販品がなかったので、振動ローラを自分たちで自動化しました。振動ローラの自動化の特徴として、モータでハンドルを回す装置を作り、それをハンドルに後付けしました。前後進の制御については電気回路を改造しました。運転席の屋根にGPSや方位計やジャイロ等を付けました。振動ローラは中折れの走行をしますので、その角度の計測センサを自分達で考案しました。センサやコンピュータを後付けして、汎用機械を自動化する方法を採用しました（図4.8)。今では、レンタルで借りてきた機械を３日間で自動振動ローラに改造することができるようになっています。

これは2012年３月のフィールド実験のときの動画ですけれども、後付けした装置でハンドルを操作して運転しています。運転席のルーフ上に設置されているのはGPSやセンサ関連と、レーザスキャナです。レーザスキャナは障害物があったら止まるための検出装置で、人も含めて走行前方の物の有無を止めるためのセンサです。この動画は現場に導入するための実規模確認試験の状況です。

次にブルドーザです。ブルドーザの自動化は、コマツ製作所と共同研究開発をしています。これは、いわゆる情報化施工用のブルドーザです（図4.9)。現在、コマツ製作所から市販されている機械に我々の専用の制御用ＰＣを載せて、センサなどは振動ローラで使用したものと同じものを運転席のルーフ上に設置し、制御用PCでブルドーザのコントローラを動かします。現在は19トンのブルドーザを使っております。

これは、一昨年の今頃、造成工事現場で初めて自動運転した時の動画です。単純な敷均し作業ですが、人が運転していないブルドーザ作業はこれが初めてだと思います。現場内に立入禁止の管理エリアをつくって実施しました。いわゆるお掃除ロボットみたいな動きですが、例えば真っすぐ整地して、下がりながら４メートル横に移動して、また真っすぐ押してという作業を実施しました。

この情報化施工用の機械がもともと持っているブレードの高さを一定に維持する機能をそのまま使っています。このような整地みたいな場合だと非常に単純ですので、繰り返しずっとやることができることを確認しています。

- ICTブルを使用
- 制御PCでコントローラを直接制御
- 位置、姿勢計測センサなどを搭載して、自律機能を追加

図 4.9　ブルドーザの自動化

振動ローラとブルドーザの最初の現場適用、RCDコンクリートダムです。ブルドーザで材料をまき出して、振動ローラで締め固めるということを積み上げていくのがメインとなる工事です。これは現在の有人で行っている工事中の動画です。真ん中に出てきたのが、ブルドーザです。まき出し作業をしているその手前で，振動ローラが締め固め作業をしています。これをずっと繰り返します。この作業を自動化振動ローラとブルドーザで実施した動画を次にご覧ください。

図4-10に去年の4月に現場導入した自動化機械を示します。

実際の現場に入れるに当たっては、安全性の関係がありますので、労働基準監督署や厚生労働省と協議させていただいています。内容を簡単に説明しますと、「このときは建機を止める、人がこうやって止める、最後はこうやって止める」というようなリスクアセスメントを作り、

実際には3から4重の安全装置・停止条件を整備しました。基本的には、作業範囲に人が入らないというのは、原則なのですが、人が全然入らないというのはなかなか難しいところがあるため、センサによって検知して人が機械の周辺

図4.10　RCDダムでの自動振動ローラ、ブルドーザの作業状況

に近づくと機械を停止させ、人がいなくなると、もう一回、同じところから再開する仕組みにしています。

振動ローラの作業の品質は、締固め管理システムで、締固め回数を計測して管理しております。品質が悪ければ、もう一回作業を行かなければならないので走行性能が重要になります。

図4.11は振動ローラの転圧作業時の走行性能が重要になります。この図で赤い線が±10cmのエリアです。この図から転圧作業時の直進走行では、常に赤線の範囲に入っていることが分かります。レーンチェンジの途中で計画走路10cmを外れることも一部で生じることもありますが、次のレーンに入った後は±10cmに収まっていますので、転圧作業への適用性は十分に保有しているという評価をしています。

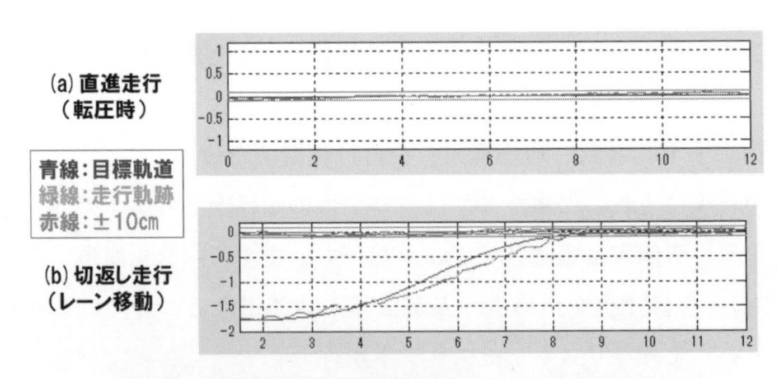

図4.11　振動ローラ転圧作業・走行性能

報道ステーション Sunday（テレビ朝日 3/27）

写真 4.1　国交省大分川ダム堤体盛立て工事への適用

また，RCDダム工事でのコンクリートまき出し作業では，決められた形にマウンドを作るため、ブルドーザの走行制御に工夫をしました。

図4.12の左の図はブルドーザの走行性能を表しています。

これを見ると目標経路と実際の走行軌跡差が、大体10cmか20cmぐらいの精度で押せているのが分かります。結果として、右の写真のように長方形というか台形のまき出しを10-20cmの誤差で作ることができています。

現在､大分県の大分川ダムというロックフィルダムへ導入中です。ロックフィルダムというのは、フィルタ材、ロック材、及びコア材という３種類の材料があります。前述したように材料毎に運転仕方が微妙に異なりますので、現場で調整しています。

装置類は継続的に改良しています。また、自動ブルドーザ、自動振動ローラ

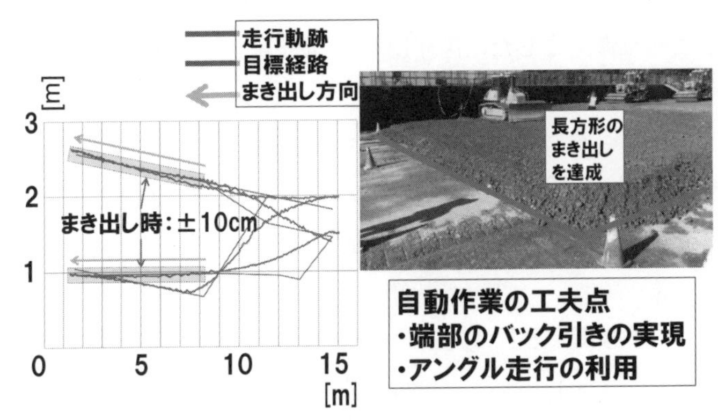

図 4.12　ブルドーザ自動まき出し；まき出し精度

に加えてダンプトラックの自動化も進めています。

ここで自動まき出し作業におけるブルドーザの制御方法の開発についてもう少し詳しくお話しします。

この動画は、熟練オペレータの作業データを採るための実験の模様です。画像の白線と白線の間が10mで、ダンプトラック１杯の25 m^3の材料を10m幅で、30cmの厚さにまき出してもらいました。熟練オペレータにはこの白線の範囲でまき出す作業をしてくれと指示しただけで勝手にやってもらいました。下のグラフはそのときの走行軌跡と、右側のグラフはブレードに当たる反力を示しています。どのような走行ルートで、どのくらいの土量を押しているのかが分かります。このように彼らの作業を通して定量化しようとしたわけです。ただ、実際にはこの実験を３人のオペレーターにやってもらったのですが、３人ともやり方が違うのです。もちろん、みんなとても上手にまき出します。

計画形状に対して± 5cmの誤差できれいにまき出します。
しかし、彼らは彼らの感性で作業をしていて、常に同じ手順で作業しているわけではありませんでした。なので、単純に走行ルートを平均するだけでは、
基準作業モデルを作ることは困難でした。例えば、この動画のオペレータの場合にはブルドーザを13往復させています。これが作業前後の地形ですが、ダンプアップされた位置にあった土砂がどんどんまき出されて、最終的に継目などないきれいな形に整形されていることが分かります。

これを自動化するためにどうしたかというと、このような実規模での実験を何十回、何百回と繰り返して原則を見出すというのも一つの方法ですが、それだと、とても多くの時間と費用が掛かってしまいます。このため、我々はコンピュータシミュレーションを作ってコンピュータ上でまき出し作業を繰り返し実験することを考えました（図4.13）。ブルドーザの排土板でこう押すとどういうふうに材料が拡がるかをモデル化して、ブルドーザの走行経路による土砂のまき出し形状を推定するものです。これを用いて数千回以上のケースを実験し、これを基に経路を設計しました。次に、その結果を自動ブルに与え、実際に同じことができるのか規模実験で確認しましたので、見ていただこうと思います。

目標とするまき出し形状は先ほどの熟練熟練オペレータの作業と同じです。コンピュータシミュレーションでは、幅10m、長さ８ｍでまき出すのですが、実際には10.3m幅で7.7mの長さになりました。それくらいの誤差が出たとい

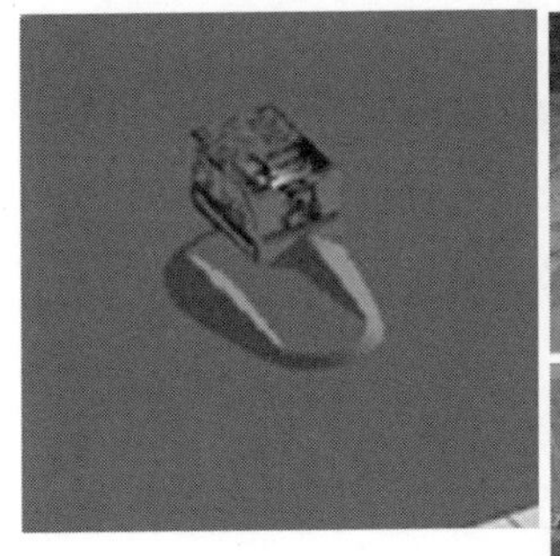

図 4.13 まき出し予測シミュレータ

図 4.14 ロックフィルダムへの適用

うことになります。有人でやってもまき出し作業の後の端面整形作業はショベルで行っていますから、自動作業の精度としては、これで十分と我々は思っています。ただし、作業制度が上がるほどその後の端面整形が短時間でできるわけですから自動作業の性能を上げて施工コストを低減せさるということを継続してやって行く必要があるので、 その意味で、荷降ろされた土砂の形状を計測してそれに応じて作業することも併行して検討しています。

形状を計測する技術として特殊な移動ロボットなどで使っているレーザスキャナを試しています。一度に32本のレーザを高速に回転させながら物体から反射して距離を測ることによって周囲の形を計測する装置を使って、土砂山の形状として、頂点の位置や傾斜角度が分かるという計測技術の適用検討を進めています。

現在の大分川ダムへの自動化機械の適用状況です（図4.14)。ダム堤体の盛り立て作業に導入しています。ここでは、振動ローラ2台を1人で動かしています。また、この数カ月前に55トンの自動ダンプを導入しており、この3つの機種の現場適用を進めているところです。

先日、この大分川ダムでテレビの取材を受けました。このときの取材を基に放映されたテレビ番組で人手不足解消の切り札と言われましたけれども、施工の自動化に対してマスコミも注目してきていると感じています。

改めて作業の効率化とは何だろうという話ですが、まずは2～3人で多くの自動建設機械をコントロールいます。各機械のやるべき作業は決めてあって、作業の内容や場所、エリアを指示すると、機械が自動でさっさと効率よく上手にやってくれるというのをシステムとして行うことができれば、現場の工場化というのもまんざら絵空事ではないだろうと考えています。ただし、全部自動機械で行うことはできないので、自動でできることと人間にしかできないことを役割分担するというのが非常に重要です。それがないと実現しないということです。

熟練作業は当然必要なわけですから、人材育成は進めていかなくてはなりません。しかし、さきほど高齢者と若手の数が3対1と言いましたけれども、自動化でその分を補えれば、人が減り、熟練者が不足しても
工事ができるのではないかと考えています。

今後の予定は、さらに難易度の高い作業もできるようにしたいというのと、他の機種もやりたいなと思っています。

残りの時間、もう一つの課題である災害復旧作業等への技術展開というお話をしたいと思います。まず1994年の雲仙普賢岳の復旧工事です。私も雲仙に行きましたけれども、遠隔操縦型の機械を使って、危険エリアに人は入らなくても良いように離れたところから操縦します
このとき我々は試験施工でしたが、無線が問題で、ch数とか伝送距離とかの制約がすごくあり、遠く離れると駄目とか、日本の電波法の範囲で我々が使える無線機だと1キロも離れると全然飛ばない問題がありました。施工現場のすぐ近くにしか遠隔操作室を設置できず、何か危険性が発生したらどこかに隠れるというような寂しいシステムでした。最近は技術も進歩し、遠く離れたところから建機を操縦できるようになりました。

このような施工を脈々とやってきて、無人化施工という一つの施工システムが一般的になりました。そして、この無人化施工技術と自動化施工技術を東日本大震災で被災した東京電力福島第一原子力発電所の解体工事に適用したので、このお話を少しさせていただきます。

当時、ニュースで高い放射線量として報道されていたのはマイクロシーベルトという単位でしたが、あの現場では、ミリシーベルトの単位、すなわち数100倍といった環境でした。復旧工事が進んで建屋の中の解体という段階に入ってくると、数値が高くなるわけです。無論、無人化施工を適用したわけですが、実は、遠隔操作だけではすべての作業を行うことはできず、鉛の板を張った建設機械に人が搭乗して行わなければならない作業もあったわけです。しかし、解体工事が核心に近づくと放射線量が一層高くなることが予測され、対策

が必要となりました。我々の仕事は解体瓦礫を地下の格納庫まで搬送することでした。

被曝低減と遠隔操縦だと作業効率が非常に低くなるので、自動化を検討しました。

無人化施工システムで、クレーンなどを遠隔操縦室から運転して、水素爆弾で周辺に散乱した瓦礫の収集や撤去を進めました。

2012年に我々が搬送システムの自動化を検討した時は原子炉建屋の解体に入る状況でした。

我々の導入した搬送作業の自動化について説明します。まず、搬送用のコンテナへの瓦礫の積み込みを遠隔操作でやります。クローラダンプにコンテナを積んで、そこから1km搬送します。搬送中は、先導車から作業指示と自動搬送の監視をします。搬送する瓦礫は線量が高いので、もし搬送物を落としても人への影響を出さないため、この作業は構内の他の作業が全て終了した夜間にやるのですが、先導車は最終的に搬送車の走行路の安全を確認する役割も兼ねています。地下倉庫の入口までクローラダンプで運び、そのあとはフォークリフトで地下倉庫に入れることになります。

クローラダンプの走路は狭い上に、両サイドに配管とか電線管が配置されています。このため遠隔操縦だと、オペレータはやっぱり近寄って操作してしまうのです。そのようなことをやると安全的に問題があるというのと、そうかといってあまりゆっくり運ぶと1時間たっても1km運べないとかいうことが問題になっていました。そこで我々は、基本的には走行指示だけを行い自動で搬送している状況を50mから100m離れたところから監視だけすればよいシステムにしました。

さきほどお見せした自動振動ローラや、ブルドーザと同じような装備をして、監視カメラも搭載しました。これは試験運転のときの動画です。まずは、クローラダンプでの自動搬送ですが、GPSやGPS方位計、ジャイロセンサ、制御用PCなど、前述の振動ローラやブルドーザと同様の機器、装置を搭載して、地下倉庫の入口まで自動で搬送します。

次に、地下の倉庫内に運ぶのですが、倉庫内ではGPSが使えません。なので、工場の自動搬送車のように磁気センサで誘導するとか、マーカを埋設する技術の適用などを通常であれば考えるのですが、地下倉庫内の工事は制限されており、また、収納位置、走路の変更に柔軟に対応する人があったため、我々は施設に特別な細工は必要ないレーザスキャナを用いた位置・姿勢計測技術を導入しました。

それは、最近の移動ロボットなどで使われている技術で、ぐるりと自分の周りの形を見て、自分の位置を推定するというものです。この技術は、倉庫の地図データと照らし合わせて自分がどこにどういう格好でいることを推定するもので、SLAMと呼ばれる技術です。これを使うと、自分が目標の走行経路に対して、どの位置でどういう方向に向いていて誤差がどのぐらいかが分かるので、目標に向かうようにハンドルやアクセルを制御しています。1秒間に20回制御ループを回しています。レーザスキャナがフォークリフトの前後左右に4台設置して、それで周りを計測しています。

倉庫の中は無線LANが設置されていて、遠方から無線によって操作できるようになっています。この動画は試験のときの模様です。まず、フォークリフトで地下2階まで降りて行きます。この図がSLAMで測っている状況で、リアルタイムで位置と姿勢の推定結果の表示画面です。

オペレータはSLAMの計測画面を見ているだけですけれども、やはりぶつかりそうになると危険なので、みんなストップボタンに手がずっと掛っている感じです。2m × 2m × 1.5mの大きさの鋼製のコンテナを倉庫内に置いて、最後はここから外に出てくるという自動搬送システムです。

この瓦礫運搬は4年前からやっていると言いましたけれども、この現場は復旧工事が終わるまで瓦礫が出るので、それこそ30年とかいうことになると思います。なので、2号機、3号機と自動化機械を更新していこうと考えています。このように、継続的にどんどん自動化率を上げなければいけないと思っています。

このシステムも汎用のクローラダンプと12トンのフォークリフトという市販の機械を改造しています。専用ロボットをつくるのでなくて汎用機械を自動化してこういうことを実現したというところが大きな特徴だと思います。

放射線環境下での作業の自動化を実現しようというのが、まず我々の目標、目的でしたが、いろいろなところで使いたいというのと、もっと高い線量のものが出たらどうするのかというようなことが課題として挙がっています。

結局、危険作業への応用から、次世代施工システムへ、先ほどお見せしたダムの技術などにもどんどん取り入れていっているという状況です。

4．4．次世代施工システムが目指すもの

次世代施工システムとして、我々が目指すものは、i-Constructionの報告書などにも出てくる文言と似ています。労働集約型である建設現場を知識集約、情報集約の生産現場へと変革し、生産性、安全性の飛躍的な向上を図るのが我々の目標、目的です。

そうは言っても、自動の機械がある程度のコストで作らなければ誰も使わない。現在は自前で機械の改造をしていますが、手間と費用が掛っています。なので、多くの人が自動化を進めてくれて、こういうものをメーカが安く提供してくれると、我々使うほうはありがたいです。

それと並行して、土砂山の計測と言いました。先ほど建山先生が製造業は組み立ててもらいたい部材がロボットの前に来て組み立てるという話をされたと思いますけれども、まさにそうで、我々はそこの場所に行って仕事をしなければいけないので、そういう計測だとかそこに行く経路だとかそういうものを自分でつくるというところが非常に重要になってくるだろうと思っております。

もう一つは、上手いオペレータの人達といっても、やっぱり自己流なのです。この作業をするのにどういう手順でどうやったらいいか、これまでゼネコンがほとんどタッチしていなかったこと、作業はお任せでやってきましたけれども、そういうことをずっと続けていたのでは、やはりそこの部分の生産性の向上というのが難しいだろうと感じておりまして、作業の方法や手順レベルまで落としたデータの蓄積というものを協力業者と一緒に、あるいは役所とも一緒にやっていかないと、自分たちだけが持てればいいという話には決してならないといいます。囲い切れないような話になってきますので、そういうものをみんなで構築していくのが重要であると思っております。

もう一つは、やはり機械が得意な手順とか作業が施工要領とは違う部分で実はあるのです。まき出しの方向だとか転圧ローラ走行方向だとかというのは、実は、こうやったほうが良いのになというのは沢山あるのですけれども、人はこうやって計画しているからというところがあって、今後もっとICTやロボットを使うようになれば、それに合わせたような計画だとかそういうものを作っていかなければいけません。ここは非常に重要なところだと思います。
それには計測制御技術、機械技術と土木技術である施工マネジメント力を結集

して、機械を自動化するとともに、それを上手く使って施工の効率につなげる仕組みを作り上げていくことが必要であると考えています。

このあとは補足というか余談です。こういう活動をしていったとき、宇宙航空研究機構いわゆるJAXAで宇宙探査イノベーションハブという組織が去年からできました。これは、オープンイノベーションといって広く民間から技術を提供してもらう、あるいはJAXAで育てた技術を民間で使ってもらうという相互交流が重要だということで組織化されたようですが、ここの公募事業に遠隔操作と自動制御の協調によって宇宙拠点の遠隔施工システムを実現するというテーマを提案したところ、採択されて今一緒にやっています（図 4.15)。大学にも参加していただいて共同研究という形でやっています。宇宙探査の拠点建設というのは、2～3人が一カ月ぐらいその中で過ごせる居住モジュールを、宇宙に建てるというものです。

宇宙開発は、NASAが非常に進んでいて、なかなか日本は追いつけないのだそうですが、こういう宇宙拠点などの建設でイニシアチブが取れないかというねらいがあると聞いています。そういうものをつくるときにずっと今までは遠隔操作でやろうとして考えていました。拠点建設は図 4.15 の右下に示した

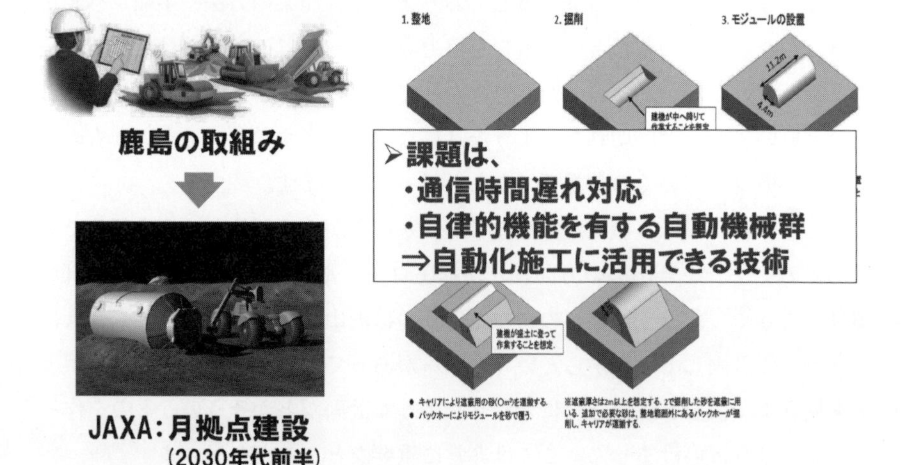

図４15　JAXA 共研（宇宙探査イノベーション HUB　公募事業）

ように、穴を掘ってモジュールを埋めて、その上に1.5mくらいの月の砂を被せます。宇宙線はそこで防いでいます。ですから、このモジュールの中は宇宙服を着なくていいという状態になるそうです。

しかし､遠隔操作で施工するには月までの距離によって通信遅れが生じます。大体３秒から８秒くらいです。送信して３秒後に向こうに届き、また返ってくるのに３秒かかるということです。それを１個々遠隔操縦していると何年たっても完成しないという話になってきています。だから、作業を指示すると機械が自動で整地や掘削をして、細かいところは遠隔操縦で作業するようなシステム、つまり遠隔と自動というのを混合にすると実現できるのではないかということで、我々が提案して採用されたわけです。あと自動で作業する際に重要なこととして、機械が複数台同時に動くので、それらが干渉しない、あるいはぶつからないで協調的に作業するというのを課題としております。

これらの課題は、先ほどの自動化施工システムでも、通信が切れたり、遅れたりするのは結構あたり前の世界でもありまして、そういうときにどうするのかとか、ブルドーザと振動ローラがぶつかりそうになったらどうするか、という事態も当然ありますので、ここでの研究成果を地上の施工に活用できると考えています。

まとめると、自動化も含めて、小さいところから、やりやすいところからスタートさせ、継続的な技術の発展と粘り強く活用する努力によって、はじめて理にかなった施工システムを作ることができるのではないかと考えています。それと、前述したように自動化施工は根本的に施工技術ですから、機械を作ればよいのではなく、ある時は機械の性能に合わせて施工を考える、ある時は施工に合わせて機械を改造するということをしなければ実現しません。
ですから、その過程で生まれる技術、ノウハウというのがこれからの建設業界の鍵となると技術だと感じています。

第5章

ドローン等の新しいツールを活用した最先端ICT施工と点検技術

杉浦　伸哉　（㈱大林組土木本部本部長室情報技術推進課長）

ドローンに関するタイトルをいただきましたので、本日はこの内容を中心に説明をすすめさせていただこうと思います。併せて、ドローンと関係性の深いCIMというものも施工での事例も含め紹介致します。ここドローンという言葉と、UAVという言葉と混在して使うことが多いとおもいますが、同じものだと考えてください。

矢野経済研究所が発表されている報告書ですけれども、2016年、2017年から2020年まで、軍事用ドローンといったものですとか民間用ドローンサービスがどれぐらいの推移で進んでいくのかという推計があります。もともとドローンは軍事用から発達していますので軍事用が多いことは当然ですが、民間の中でどれぐらいの率で、分野ごとに使われているのかを示されたのが図5.1のようになります。2020年を予測した上では、農業、測量、点検・検査分野

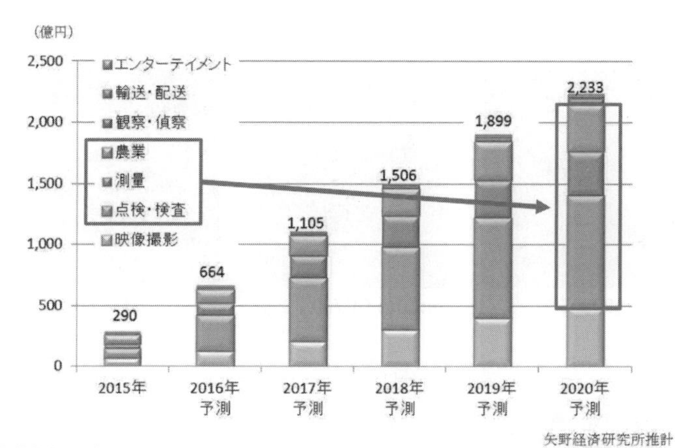

出典：2016年8月矢野経済研究所発表資料より

図5.1　民間ドローンサービス分野別世界市場規模予測

において、点検･検査で非常に注目を浴びているという中身になっております。

どこにでも飛んでいけるものですから、やはりこのような人がいけない場所の点検・検査みたいなところには非常に効果があるということです。その中で今日は、測量といった分野での取り組みを紹介いたします。これは弊社の半年ぐらい前の事例ですが、多くの施工現場で使われている現状です。特に造成の現場は多いのですが、それ以外の工種でドローンを使っている状況です。

図5.2は、各種のドローンは使って主に測量に活用しています。　これは4枚羽根のドローンですが、最初にほぼ垂直に持ち上がっていって、ある程度の高さまで行くと、あとは全自動で飛びます。測量で使っているドローンに関しましては､手動で飛ばしている事例は当社の場合はありません｡全部自動になっております。もう1個、固定翼と言われているものは、最初、ロケット出発台みたいな感じで飛んでいきまして、衝撃的なのは着陸です。タイヤがないので胴体着陸しかできないのです。でも、これも立派な測量機器です。

飛行条件に関してですが雨の場合､ドローンはなかなか飛ばせません。また、風速5m/s以上は原則飛行させないことになっております。これは原則論なので、7m，8mぐらいでも飛ばすことはありますし、先ほどの固定翼と言われているものは、飛行機の形をしていまして空力がいいので風速10mぐらいでも飛ばすことができます。

あとは、バッテリーで飛ぶものですから、羽タイプ（ヘリコプタータイプ）

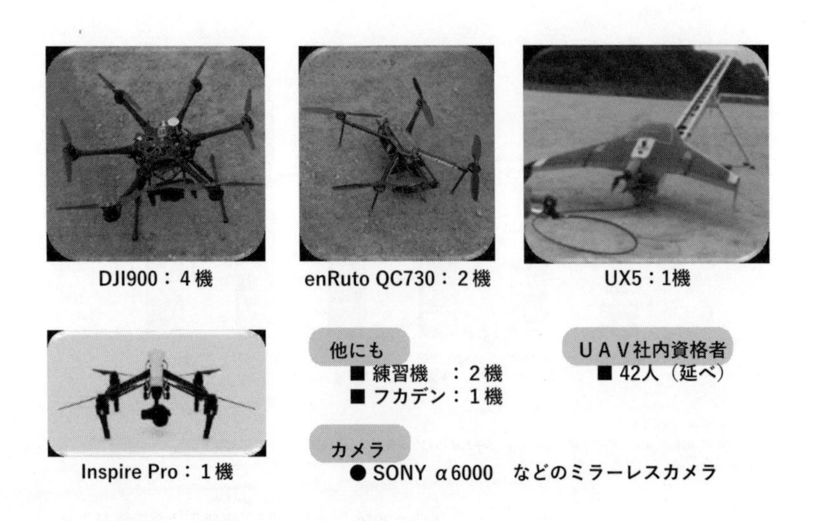

図5.2　大林保有機（H29年3月現在）

のものはどんなに条件がよくても1回で15分が限界ですね。固定翼だと35分ぐらい飛ぶことができるようになっております。航空法が2015年12月10日から改正されまして、誰でも飛ばしていい、どこでも飛ばしていいというわけではありません。どの空域でも飛ばせるということでもありません。150m以下の上空、空港周辺はだめです。人口密集地と言われているところも原則飛ばしてはいけないことになっています。もちろん、国土交通省の許可をとれば飛ばすことは可能です。どこが飛んではいけないかの飛行エリアに関しましては、国土地理院が出していますので、我々もそれを参考にしながら現場で飛ばしています。飛行箇所が人口密集地だった場合には許可証が要りますが、弊社の場合は全国許可を得ていますので、施工エリアであればどこでも飛ばせる体制になっております。また、関係者の方からよくUAVは誰でも飛ばせるのですかと聞かれます。飛ばすことに対しての正式な免許等の資格は原則必要制約はありません。国土交通省が管轄するのはあくまでも、飛行の条件提示だけですので、条件をしっかり守り事故がないように飛行させれば誰でも飛ばしてよいことになります。

弊社では最低限の作法について社内講習制度があり、それを受けた職員は飛ばしてもよいことになっています。

次に、ドローンを使って何をしているかという話をこれから致します。私も大学のときにちょっと使ったことがありましたが、少しずつずれている航空測量の写真2枚を重ねて上からのぞくと立体に見えます。写真測量の原理です。少しずれた写真を見ると、視野差で立体に浮かぶ。実はこの原理で、ドローンなる機械のここにカメラをつけ、デジタルカメラを真下に向けて、連続して写真を多数撮影します。写真を撮るツールとしてドローンを使っているだけです。ドローンは特別な機械ではありません。写真を撮っているだけです。撮れた写真の重なっている写真から、地表面のでこぼこ差を人間の目のように解析してくれる、すなわち、この2枚の写真が目の役割を担い、視野差で立体差を生むという操作を今はコンピュータのソフトウエアがやってくれているわけです。

実は、20数年前から写真測量の原理はありますので、これをもう一度リバイスして使っている。こういったのがドローンの活用状況になっています。

先ほど言いましたように自動で飛ぶようになっていて、手動で飛ばすことはありません。複数の写真がずらっと重なっていく。例えば、400枚ぐらいだったと思うのですが、UAVで撮ってきた写真をざーっと重ねた1枚の大きな絵になります。これは1回で撮った写真ではありません。数百枚の写真を重ねた大きな写真になっています。これを人間がやるのは無理なので、その膨大な処理をコンピュータが自動で処理してくれるのが写真測量の原理です。

写真測量を上手にやるときには、写真のラップ率みたいなものが非常に重要になっています。先ほど城澤氏の話の中で、このラップ率を9割、オーバーラップ9割、サイドラップ6割という国土交通省が昨年出した基準があるのですが、測量で使うときのラップ率は、実は8割でも十分精度は確保できるのではないかという、日本建設業連合会も含めて建設業界全体からの疑問が出ました、国土交通省が中心になって検証し、9割のオーバーラップ率から、今は一定の条件付きではあるものの8割ラップ率でよいという形になっております。

写真から3次元を起こしますが、写真はスケールが全くありませんから、スケールを表示させるために写真の上に座標を落としていかなければなりません。そのために、写真にGCP（グランドコントロールポイント）というターゲットを置く必要があります。このターゲットを探すためには写真の解像度がよくないといけないのです。ここに写っているターゲットがきれいに見えて、この中心点の座標をGNSSローバーで計測し座標を写真に与えます。これらの作業を正確に実施するためには、写真の地上解像度が重要になります。

現状、国土交通省の設定では、1ピクセル、この1ピクセルが地上で1cmになるように写真を撮るようにとなっています。これが基準などで表示される「地上解像度」と言われているものです。こういった基準をもとに、測量として利用することになったので、土木分野における画期的な作業効率を実現しました。このデータを使ってやっていこうというものになっています。皆さん聞き及んでいる方もいらっしゃるとはおもいますが、i-Construction、CIMのガイドラインを含め、出来形測量もしくは写真測量のマニュアルの中にデータの活用方法が書かれていますので、これらを参考に、測量の代用として使っていただければいいと思います。

写真測量で一番肝になるのがGCPという座標を与えるためのターゲット、マーカーをどこに置くか、どれぐらいの広さで置くかというのが写真から点群を作成する際の精度のカギポイントになります。

これについては基準などにも掲載されていますが、その通り対応しても地形によっては思ったような精度が出ない場合があります。ここでいう精度とは、写真から点群3次元を起こした時に、写真に写っているGCPの中心点をデータから作成した場合と、実測した場合の差のことを言います。この差を最小限にするためにはトライ・アンド・エラーでいろんな方々がされていると思います。弊社もこの３年半ぐらいずっとやり続けていて、どこにGCPをどんなふうに置いたら精度がよくなるかというのはうちの現場の職員は大体わかっていますので、何も言わなくても、地形を見てこの辺に置こうみたいな感じになってきました。これが測量のときに必要なノウハウだと思っています。どこに置くかがポイントというのを図5.3に載せておきました。

さて、写真から３次元を作るときに同時にできる大きな１枚写真をオルソ画像といいます。オルソ画像は複数枚の写真が１枚に合成され、そこに座標がついているのが特徴ですが､このオルソ画像はとても有意義な使い方ができます。

このオルソ写真は座標がついているので、CAD図に座標を与えれば、CAD図の下敷きにできるのです。これは非常に便利です。現状どうなっているのかという写真に最終的な平面のCAD図、設計図を重ねることによって、ここの工事進捗はこのくらいであるなどの打ち合わせで利用できるからです。従来工事の進捗を説明する場合は、CAD図に色付けして状況をあらわしておりましたが、背景に直近の現場の写真がついていたら、工事の進捗を説明するための資料としては詳細な文章もいらず､見て明らかな状となります。説明も楽だし、

撮影方法

③測量（3Dモデル・オルソ画像）

用途目的
　測量　起工測量（計画）
　　　　出来高測量（施工）
　　　　出来形測量（検査）
　土量確認
　土量比較

概要
1. 3Dモデル精度を確保するためにGCPを設置
　（地形の高低差を考慮して設置）
2. GCP中心点をGNSSローバー又はTSを使用し測量
3. 進行方向の写真が80%以上ラップするように飛行計画を行う。
4. 制御アプリを使用し自動走行を行い、写真を指定した秒数毎に撮影
5. 写真を解析ソフトにて3D点群とオルソ画像出力

3Dモデルを利用した活用例

盛土量の確認

点群データを使用し
計測するエリアを囲い
設定面に対し上は盛土
下は切土として
体積を算出

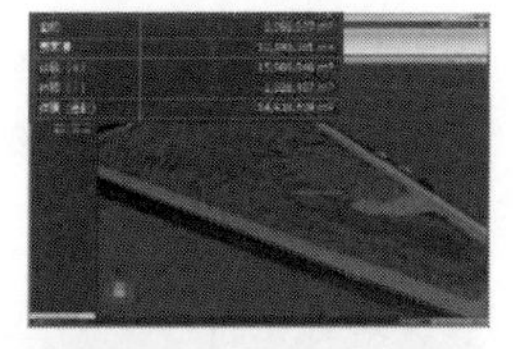

出来高確認
（設計データと比較）

設計3Dデータと
点群データを比較し
土の量を算出
※計画データは別途作図

出来形検査
（i-Construction）

i-Conの出来形検査とし
面的に形状を比較し
出来形帳票を出力
※計画データは別途作図

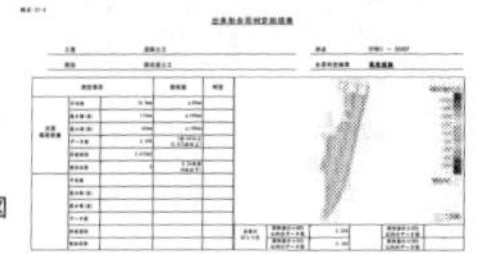

図5.3　UAV（ドローン）で出来ること

発注者も工事の進捗をあっという間に共有できて、正しい現場の「今」を伝えることができます

それともう1つは、3次元の点群データができるということになりますので、用途の目的によってツールの使い方を変えていくのが非常に大事と思います。

弊社では現場のニーズに合わせて、これらのツールをうまく組み合わせていく形での施工管理をこのドローンでやっていると思っていただければ結構です。さまざまな使い方がございますので、正しい使い方はこれだということではありませんが、造成工事もしくは土を動かす工事に関しましてはこのようにツールを目的に合わせて使いこなす、あるいは別なツールを使うという判断を技術者が行うことが重要です

施工会社が土を動かす仕事をする場合に重要なものは現在どれぐらいの土が計画に対して盛られているのかどれぐらい土が掘削されているのか、あとどれぐらい土を盛らなくてはならないか、あとどれぐらい土を掘削しなければならないかという出来形数量の把握です。広範囲なエリアを一瞬にして3次元の点群データ化してくれますので、非常に効率的に対応できるようになっています。

このような出来形というのは、我々施工会社の主に施工管理の重要な要素です。そのため、よく使うのですが、従来は出来形管理というと、現地にいって巻き尺と計測機器で指定された断面を実測するということを行っていました。今回、i-Construction の ICT 活用工事の中に出来形検査の管理要領を国土交通省が作り、これによって、従来の検査業務がこういう点群を使って設計データと重ねることで出来形の検査に変えることが可能となりました。従来であれば現地に行き書類を確認するという検査をしていたのですが、点群データでの検査、現地に行ってチェックするポイントは1カ所だけで良いと基準を変えてくれたのです。このような取り組みにより計測した点群があれば、現場の進捗も検査業務も一気に行える様になりました。これが、国土交通省が提唱する「生産性向上の姿」です。従来の既成概念にとらわれず、基準を変えてでも品質が同等であれば、検査の為に割いていた人やそれにかかる時間を削減するという思い切った施策の変更が、非効率な建設業の生産性を一気に上げることになります。今回のような UAV 活用が進むのは、このような背景があり、官民ともに新しい技術への取組みを積極的に行うことで、生産性を挙げられた事例でもあります。

このような取り組みが従来と比べてどのくらい生産性が上がるかをこれから

紹介します。

従来の測量のやり方は、レベル、三脚、スタッフを持っていって測量します。形、長さを測るためにスチールテープを持って行きます。野帳とか電卓とかトランシーバーなどが土工をやるときの土木屋の三種の神器で、これぐらい一気に持っていかないとできない状況だったのが、今はUAV、ドローンで測量します。ターゲットを押さえて、パソコンを持っていって、GNSSから受信する測位電波をつかって測量するGNSSローバーという測量器を使いことであっという間に計測が終わります。これをつかって測量することにより、3次元の点群データ作成から、出来高確認や出来形検査はコンピュータで実施可能となりました。現地では代表点1点だけ確認する。この劇的な変化によって、計測や検査を行うという建設業が従来かかえていた人と時間のかかる作業を一気に省力化し生産性を向上できるという仕組みにかわりました。

どれぐらい生産性が上がるかといいますと、従来の測量だと、計測1名、手元3名ぐらい、平均するとこの程度の形で動いていたと思いますが(図5.4)、今は測量はこれでやります。これが生産性向上です。

コンピュータが全部解析してくれますので、例えば5ha（50,000平米）の測量をする場合、従来だと4人で2週間ぐらいかかっていたのが、ドローンで測量して結果を出すのに大体1日半、大体56人工が4人工みたいな感じで、省人化に非常に役立つツールが仕事の中で使えるようになってきました。

従来の測量

必要機材

- レベル＆三脚
- スタッフ
- トランシット＆三脚
- ピンポール
- スチールテープ
- トランシーバー
- 野帳
- 電卓

UAV測量

必要機材

- UAV
- ターゲット
- PC
- GNSSローバー

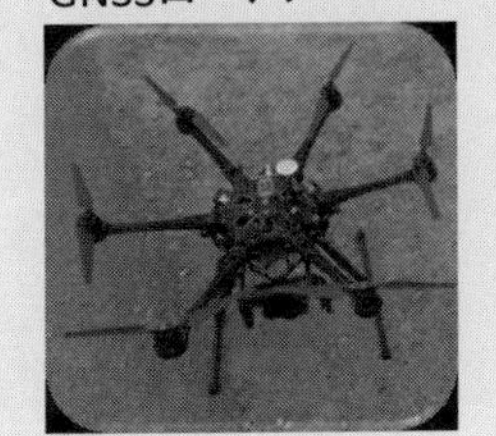

図5.4　UAV活用による測量の効率化

こういうドローンを使って更に何ができるかといいますと、「飛ばし物」を使って形状をつくりますので、人が行けないようなところ、道がないところでも、上から写真を撮ってきて3次元の点群データもつくりますし、必要であれば地図（コンターの書かれた地図）もつくれます。デジタルデータにすることで、仕事を速く進めることができるという意味もあり、従来のように未開の地に入って現地を確認し、取得した情報を事務所に戻り現地で確認した情報を再度コンピュータに入力し、デジタルデータを準備するといったものもが一切なくなり、結果を出すまでの時間が大幅に短縮されます。

施工以外に調査事例ということもありまして、ちょっと変わったドローンですが、最近のドローンはセンサーがたくさんついておりまして、前のほうにセンサーをつけ、上方にもセンサーで距離を出すということで、3m から 5m 以内に何か物があったら、そこから先には進まない、3m から 5m 上に物があったら、ここから上は行かない、というドローンが多くなってきました。自立制御によりぶつからないドローンが登場しています。一定の離隔をもって構造物の写真を撮ることができる。これがまさに先ほど言いました調査やか点検時の計測に非常に役立っている事例と思います。

これらの機能は橋梁点検もありますが、それ以外にもさまざまな使い方ができるのではないかと思っています。

これは一例ですが図 5.5 のように写真からひびわれが判定できるということにも使われ始めてきました。これは当社が今年の夏にやった事例です。高画質な写真を組み合わせることでひびわれの抽出ができるようになりました。今は、

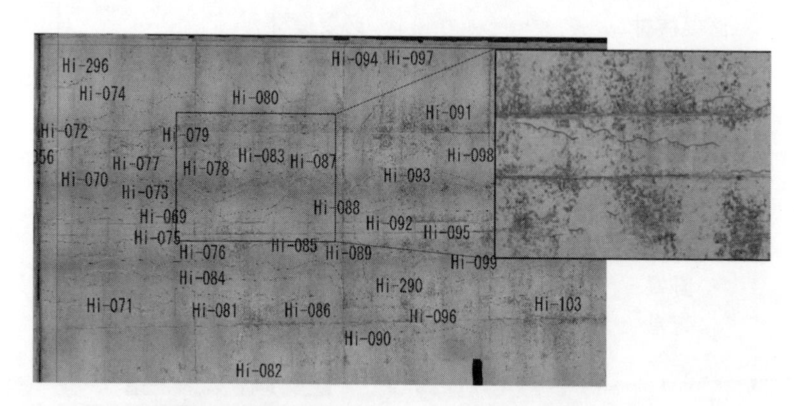

AI による画像処理技術と連動することで、ひび割れ点検作業の効率化を図る

図 5.5　ひび割れ画像から AI 処理

技術が進歩しているので、これから先どれぐらいのひびわれまでできるかが今後に期待したいと思います。SIPでもこういった事例をたくさんやっていますので、一気にこの活動が増えていくのではないかと思います。

ここで気をつけていただきたいのは、調査をするという言葉と、点検、補修をするという言葉は使い方が違います。今回お示ししたのは調査のためにやっている取り組みです。調査の結果を踏まえて、点検、補修を行うときは、打音検査、目視検査が国のルールになっていますので、調査がドローンでできたからといって、点検や補修確認の代替えにできるというのは違います。ただ、これらの技術ポテンシャルがあがってきているので、国土交通省は、ロボット化ということを非常に注力して進めていて、ドローンなどの結果を踏まえて、ロボットと協調しながら点検や補修確認を行っていくことが今度のトレンドになってきています。生産性向上のために国土交通省で検討されていることを日本建設業連合会も一緒に考えて、官民一体となり生産性向上への取組みを進めているところです。

さて、利用事例といたしまして、写真撮影のドローン利用以外に別の機材を搭載したUAVをご紹介します。何を搭載して、何を撮ると思いますか。

写真搭載の場所に3Dレーザースキャナが搭載されたドローンになっています。3Dレーザースキャナは、点を放出して、ぶつかったところから点が返ってきたら、そこに物があることを理解する測量機器です。それをドローンに搭

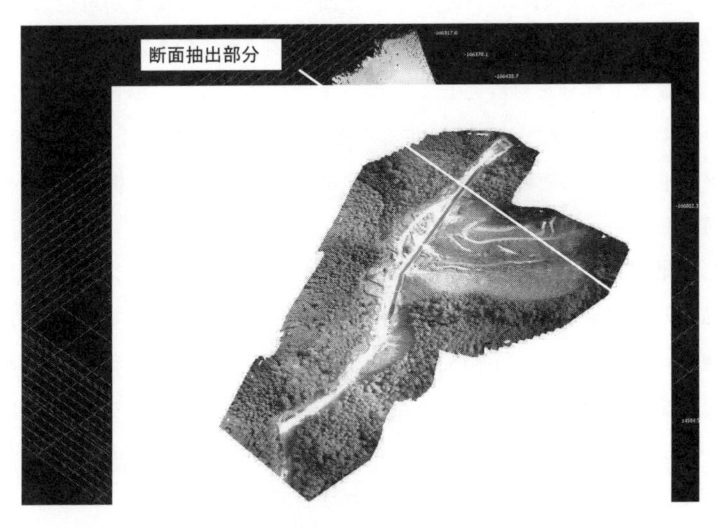

図5.6　計測結果（レーザーUAV）

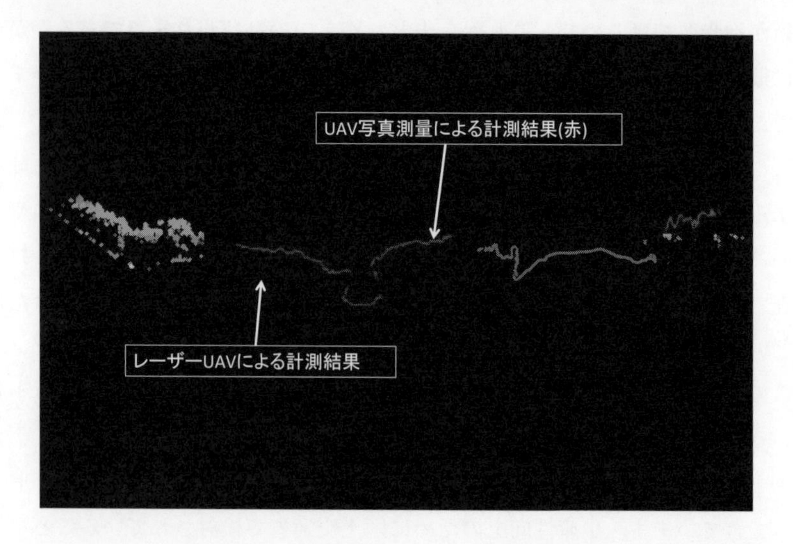

図 5.7　計測結果（レーザー UAV）断面

載して利用するとどのようなことが起きるか（図 5.6, 図 5.7)。写真測量で作成した点群とレーザで取得した３次元の形状をここに重ねてみました。この断面を切ってみるとどうなるかといいますと、写真で撮ったデータは、当然ながら写真は木の上を撮ってくるので､高さ情報として木の上の高さが抽出されます。3 次元モデルスキャナは、物が当たって返ってくるところの点データをとりますので、木漏れ日が通れば、木の下の地面を撮ってくることが可能になっています。これがレーザを搭載したドローンの非常に効果のあるところです。写真では無理な地上部分を点群として取得しなければならない場合は、このようなレーザドローンをつかって撮影することによる樹木伐採まえであっても地面データを取得することができます。このように目的に応じて機材を使い分けながら対応していくことが重要です。

少し蛇足ですが、一般的な写真測量として利用するドローンの値段は、平均して 200 万円前後ではないでしょうか。高価なものはあるので、決して 200 万円前後というのが正しい金額ではありませんが、平均するとこのくらいの金額だと思います。方やレーザの載ったドローンは、値段はここではあまり言えませんが 30 倍ぐらいするものもあるため、利用するには少し勇気がいります。そのため、先ほど言いましたように、どうしても人が入れない、どうしても急いで撮らなければならない条件のときに利用するツールであり、普段使いする

図5.8　下路橋桁と道路の3Dデータ

にはハードルが高いものになってしまっています。それでも目的が明確であれば利用する必要があります。このようにツールは目的に応じて使い分けるものであり、精度がよいから、どのような条件でも対応できるからといって使うものではありません。目的に応じて使ってほしいと思います。

いままでは写真から点群を作成し､その点群を使う事例を紹介してきました。次に、点群そのものに着目した活用事例を紹介します。

自動車をはじめ移動体に3Dレーザースキャナを載せて走るとどうなるかという話です。車に3Dレーザースキャナをつけて走行すると点群ができるという、当たり前と言えば当たり前の世界でありますけれども、ここに表示していますのはMMS（Mobile Mapping System）と言われているものです。

車に３次元のレーザスキャナを載せると、解析することによってこういうことができます(図5.8)。取得のために道路規制を実施しているわけではなくて、通常の車につけて走行できます。この事例はたった６回計測したデータです。特殊なことはしていません。広範囲に一気に周辺地物も含め点群化されるので、現状を把握するにはとても便利です。

写真も一緒に撮影し点群の点に色をつけるのでまるで写真のちょっと粗目のようなものが現れます。これらの点群には公共座標が一点一点に全部入っていますので、例えば道路周辺の地物の寸法や道路の幅員など、ここに見えているものであれば、すべて計測可能です。このようなツールを施工の前で状況確認に利用するとか、事前調査に利用するなど活用することで、施工段取りへの効率化などに寄与します。

また、連続して道路全体を１つの点群として構築することができるため、特定の断面を切ると断面が作成できます。このような使い方をすることで、測量時間の短縮など生産性向上には欠かせないツールとなっています。

最近では車に載せるさまざまなスキャナの形状も変わってきまして、直近で出てきたLeicaのこのスキャナは高精度でデータが取得でき、データ解析も短時間で可能となってきています。取り外し可能なので車以外に、軌道車に載せて走ることもできます。利用台車の自由度が高まるため多くの場所で利用されるようになってきました。高精度といいましたけれども、実際にどのくらいの精度でいけるだろうと実験してみました。測量機器でＺの高さとＸとＹの公共座標をとってきて、これを先ほどのLeicaスキャナで取得したものと比較しました。ばらつきは多少ありますが、誤差は5mmとか1cm、2cmくらいでした。このわずかな誤差で､点データを広範囲に一気に取得できることがわかり、このツールは実工事で十分活用できるものだとわかりました。

上空と車で撮った点群を使い、そこに３次元の形状を入れることでこれから施工する上も下も、全体がこういう形で座標系を統一して見ることができるというのは効果的ではないかと思っています（図5.9)。

次に新しい取り組みの例です。

図5.9　航空機からの3D

道路床版の配筋を点群で取得してみました。配筋は組みあがった後、コンクリートなどで覆われるため、当然ですが隠れてしまいます。詳細不具合や補修工事を行う際、実際の点群がどこに配置されているのかを知ることは重要です。そのために点群を活用するものとして今回のような床版配筋を点群でとることをかんがえてみました。

床版配筋については上下に配筋が密に組みあがっているのですが、今回は上部の配筋のみをスキャナで取得しました。これをあるソフトウェアで処理するとこのようなことができます。

このように上筋だけ外せることができるようになりました。従来点群はすべてが１つの塊になっているため、点群を意味あるものに分割するのはむずかしかったのですが、そのソフトウェアは、配筋の１本１本を意味ある点群として理解し、その意味を基に点群を分解できます。点群活用を進めてきて、一気にここまでできるようになりました（図5.10、図5.11)。１本だけ選んでそれをここの中から１個外し出し、これを横に配置することもできます。意味ないことしていますが、こんなことまでできるという意味でお見せしております。

これらのように、点群はいろんな可能性を秘めております。今までは点群をとること、点群で計測することに主眼がおかれてきましたが、このように点群をばらし、ばらした点群に対して属性まで与えることができるようになりました。

このソフトウエアは当社で開発したものではありません。市販されています。

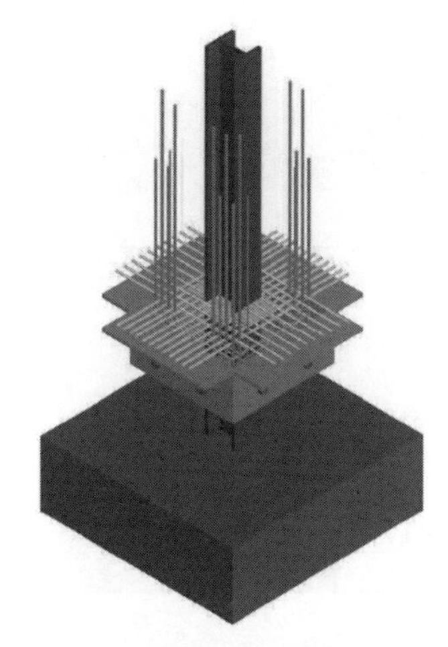

図5.10　床板と柱の配筋交差

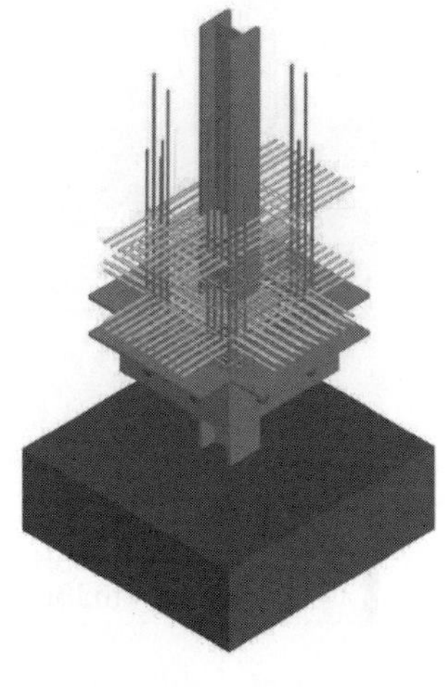

図5.11　床板と柱の配筋交差、一部の鉄筋追加

こういった市販されているツールで十分仕事ができる状況になってきていることをご紹介したく説明をいたしました。実はツールを探し切れていないために、これができないあれができないとあきらめている事例を多く目の当たりにしてきました。世界に目をむければ実はこのようなツールはあるのです。

さて次にご紹介するのは建設重機です。

ICT 建設機械と言われている建設機械で、ここ数年で土工工事には欠かせない機械になってきました。

この工事ですが、施工面積として約８ha（80,000 平米）の現場です。重機が多数配置されています。通常この広さの造成現場になりますと、ICT 建設機械を使って生産性を上げましたという代表現場になるのが普通ですが、こちらで見ていただくとおり、全体で５台利用している建設重機の内、ICT 建設機械は１台しか使っておりません (図 5.12)。

なぜ１台で十分なのか、それをこれからひも解いてみたいと思います。

その前に、少し ICT 建設機械の概要をご説明いたします。

ICT 建設機械と通常の建設機械は何が違うかといいますと、ここに測位情報を受ける円盤がついています。この円盤をつけることによって、バックホウの刃先が今どこにあるのかなど、建設機械を運転するオペレーターが、運転席

図 5. 12　施工状況全景

につけてあるパソコンの画面でリアルタイムにみることができるので、設計図面に指示されている掘削面といま自分が操作している刃先が予定通りの場所しているのかなどがわかる様になっています。画面で指示がでて、オペレーターがそれを操作して作業を行うのをマシンガイダンスといいます。それとは別に熟練者や初心者などどんな人が運転しても、同じ形に成形できる機能をもったものをマシン・コントロールといいます。

土工事を進めるためには丁張を準備します。丁張を準備したら、それにそって、建設機械で施工をおこないますが、その際熟練のオペレータは、運転席から丁張を眺め長年の勘と経験で、バックホウの詰め先をコントロールしながら、丁張の傾きと同じ傾きで土を掘削します。

作業の時間短縮や、建設機械からの掘削作業を確認するために、近くに確認する人を置かないようにすることで、安全にも配慮するという観点から、マシンガイダンスやマシンコントロールを現場では導入します。

しかしながら、このような高機能な建設機械は従来の建設機械と比べてコストが高く、レンタルを利用しても月額で3倍程度の差が発生します。
通常なら、これだけの大規模現場で効率を重視するならば、5台ともすべてICT建設機械を入れたいですが、コストを考えると当初予算では見合わない状況となります。

そこで、この課題を克服するための工夫としてこの現場はどういうことをしたかを今から説明いたします。

まず、先に掘削する機械としてマシン・コントロール機能をゆうするICT建設機械が先行して一番最初に施工を進めます。最初に施工する部分は全部掘りません。ICT建設機器をつかって、最初の掘削目印をつけていきます。次に後ろに通常のバックホウが続き、先行のバックホウが掘削した傾きを見ながら削っていきます。

このパワポには1台しか写っていませんけれども、ここにもう1台ありまして、二連でかるがも走行していきます。

ここでもポイントは何か皆さんわかりますか？

ポイントは二台目のバックホウのオペレータはベテランが、1代目のICT建設機器は未熟なオペレータが操作をしている点です。

未熟なオペレータはコントロール機能があるので、機械がほぼアシストしながら、作業を進め、2台目のバックホウは1台目の傾きをみながら、勘と経験で作業を進めるという流れです。

このバックホウはここまで、次のバックホウはここからここまでみたいな感じです。ICT 建機って本当はたくさん欲しいのですけれども、ない場合はこんな工夫をしながらやっている現場もたくさんあります。

施工結果として出来形がどのようになっているのかを調べるのは一般的にドローンを飛ばし、写真点群を作成して、設計３次元データとの比較をすることで確認しますが、ドローンを飛ばして解析するという時間すらももったいないという場合は、このように重機にステレオカメラ (図 5.13) がついており、このステレオカメラで写真を撮ることによって３次元の形状をつくることもやっています。

ステレオカメラで３次元の形状をつくる！ってどこかで聞いたフレーズではありませんか、――そうです、この講演の最初にドローンに搭載したカメラで撮影した写真から３次元を作成する話をしましたね。同じ原理をここではドローンではなくて、ステレオカメラで実施しているのです。２眼カメラでバシャバシャ写真を撮っているだけです。３次元を上手に使えるツールとしてこちらは建設機械に搭載しているという点がポイントです。

あとは、ドーザーというブルドーザーです。土をならす、予定の高さまで盛る、指定の高さで削るということですけれども、今は衛星測位を取得する GNSS 機械がついていますので、どこまで削ったか、設計データとの現状の差はどのくらいか、もう少しここは切らないとだめです、みたいな情報が運転席に設置さ

図 5.13　進捗管理　ステレオカメラ

れています。PC 画面上に出てきて、これを見ながらオペレーターが操作しています。こういったデータは全部クラウドに自動的に上がりますので、事務所にいても、今どこが施工されていてどこまで終わっているのかが全部わかるようになります。

実は、情報化施工というのは、10 年以上前から、弊社だけではなくて他社さんもみんなやっています。当時、このようなクラウドにデータを上げるのは通信回線が細く遅いこともあり難しいと言われてきました。この課題を解決するのはまだまだ先の話だと思っていましたが、ここ２～３年であっという間に快適な環境が整い、データはクラウドにあっという間にあつまってくる状況がととのってきました。

通信機器の拡充といいますか、携帯電話通信網がここまで施工に寄与するものかということで、一昔前では考えられないことが今普通にできるようになってきました。この辺りが通信技術のすごさ、技術革新のすごさを感じているところです。

さて残り 20 分ぐらいなので、３次元の話を織りまぜて終わろうと思います。

建築では、建物を全部１棟ごと１分の１モデルで３次元にしてしまおうというのが BIM と言われています。インフラ構造物を３次元の CAD ソフトウエアで１分の１モデルをつくってしまおうというのが CIM です。

BIM は Building Information Modeling というのですけれども、CIM は Construction Information Modeling に Management がついています。どんなプロジェクトでもそうですが、データを１個つくって終わりではなく、データを使っていくメリットが一番重要なので、マネジメントをするためのツールということを CIM は意識しています。土木の場合では CIM の M は Modeling だけではなくて Management も入れているのが特徴です。

３次元 CIM を施工現場で使う事例を最後に御説明いたします。

我々施工会社を含めまして、建設業に携わっている関係者はこんなこのような悩みを抱えています。

平面図、立面図、断面図で３次元の形状を表している図面があるのですが、これらの図面は、100 人いたら本当に 100 人とも正しい理解をしていると言い切れますか。施工関係者は１人２人ではありません。協力会社さんも含めて大多数の方々がいます。皆さん、今までは平面図、断面図、立面図をもって打ち合わせをして物をつくっていきます。こういった図面という「共通言語」を使い、同じ内容を、同じ理解度で全員が共有しているかは非常にあやふやでした。さらに、単純な図面であればすぐにわかりますが、複雑になった瞬間に理解するのに時間がかかるということがあります。

我々は今まで、この平面、断面だけで施工関係者全員で会話していました。どうでしょう。こういう3次元も平面と対にしてあれば、ずっと話が早くなるし、手戻りがなくなるのではないかというのが3次元を使う意味で非常に効果があると言われているところです。

この平面図では、この部分はトンネルだなというのはわかるとしても、このトンネルがこのような形状で、多くの視点で見たときにはどんな形になるか、スケッチを描いてみましょうと言ったら、多分多くの人が同じスケッチにはならないです。

描けと言われたら相当厳しいと思います。3次元データはこれらのみんなで空間上に必要なものを正しく共有するツールとして効果の高いものになっているのです。

鉄筋の組み立て手順みたいなものも、従来は、「こういった16枚の絵に16セット書いて、この順番で組み立てていくのですよ」というような話を鉄筋工の職長の方と施工会社の職員で話をして段取りするのですが、なかなか意思疎通に時間がかかるのと、意思疎通したと思って実際に施工を進めていくと、あれ、この部分おかしいな！という場所が出てくる時が多いです。

例えば、「こういったものをこういう順番でつくっていくのですよね」みたいな感じで打ち合わせで使うと、一気に手戻りが減るのは自明の理です。こういうことにうまく3次元を使っていくということから始めるのも一つの手じゃないかと思います。CIMを少し難しく考えられている方はたくさんいらっしゃるのですけれども、こういったところも十分、3次元を上手に使っている仕事の事例ではないかと思います。

ここの現場はもう2年ぐらい前に終わっているのですが、非常に先進的なことをやって、おもしろい結果が生まれました。

鉄筋の組み立てパターンがたくさんあるので、「どこのタイムサイクルが施工遅延のクリティカルパスになるようなところがあるのか」を鉄筋の職長さんと当社の職員とJVの方全員で,3D図を見ながら打ち合わせをしていたのです。この現場は上を拘束して下にずっと掘っていくという、土木ではあまり事例が少ない逆巻工法をおこなっていました。

その工法による鉄筋の効率的な組み立て順番とか準備の段取りに３次元を活用し、施工効率を相当あげてきましたが、さらにあと半日タイムサイクルを短くしなかったら全体工期におさまらないという状況になったのです。これ以上考えてもどうしようもないなというときに、ここの後ろにいた方が「何で足場を組むことを考えるのかな」みたいなことをポロッと言ったのです。

私もそうですけれども、我々土木の職員は、足場を組むといったら下から足場を組んでいくという既成概念に捉われるのだと思います。なので今回の現場もその考えの呪縛から逃れられなかったとおもいますが、逆巻工法で上部を拘束して下に伸ばしていく梁をつくる現場なので、足場を組まなければいけないところは組みますけれども、高所作業車を使ってできるところはガンガンやっていったらもっとタイムサイクルが短くなるんじゃないかということで、高所作業車を入れて一気に仕事をはかどらせた現場です。

今の例は、３次元は全く関係ありません。でも、３次元というツールを契機に非常にいいアイデアが生まれてきた事例です。これが３次元の隠れた効果の一つでもあると弊社は率直に感じました。現場で必死になって３次元を活用すると、もともと配筋組み立ての手戻りをなくすという使い方から派生して、更なる効果が出るのです。３次元というツールには無限の力を感じます。

最近、３次元もそれほど難しくないので、外注も含めましてさまざまな取り組みを社内でやっています。今回の事例のような施工ステップをつくってみたり、土留めのフリーフレームの差し込み筋が図面では当たるかどうかわからないのですが、３次元で確認すると、やっぱりここは当たるということがわかったり、このような会話の補助としての３次元が役にたっています。

これは NATM トンネルでの活動事例ですが、計測データも結構３次元の中に自動で取り込めるツールがたくさんありますので積極的に取り組んでいます。

計測データを自動で３次元に連携することによって従来２次元であれば、変位のグラフが並んでいる物を当社職員がトンネル線形形状とそのグラフを頭の中で並べて想像し、現場の事象を確認するという流れをおこないますが、このように３次元形状と変位ベクトルを連続して表示することで、地山の応力変化を目で確認できる様にした事例であるとか、切羽写真を連続して配置し、その写真に地層境界面を入れて地層面を表現し、以後のトンネル維持管理で利用するための情報を形成しておくとか、さまざまな利用方法が考えられます。　この地層境界面を入れることで、例えばトンネルのメンテナンスにも利用できます。例えばトンネルを拡幅するような工事を行う場合、または隣接して２期線のトンネルを構築する場合など、実地層の状況が分かるだけでも施工計画や施工中のリスク分散を行う事ができます。

トンネルでの３D 活用はさまざわな取り組みがあり、上記の内容に合わせて、先行掘削、ノンコアで掘削したデータを解析した結果と当初設計している支保パターンがどれぐらい重なっているかを見える化の中で先ほどの切羽と合わせて岩判定に使うなど、施工管理や検査監督業務でのさまざまな取り組みを実施しています。３次元とデータのリンクも簡単に行えるので、このような使い方も一つの方法かなと思います。

これは、橋脚ですけれども、コンクリート打設時の属性として品質管理に役立つのではないかということもやっています (図 5.14)。

品質管理のために属性を入れるとそのあとの管理は楽であるといわれていますが、3 次元モデルに多くの項目のデータを入れるのはとても大変です。手で入力するのではデータが膨大過ぎて現実は難しいと思います。属性の管理は重要ですが、これらを一気に処理できるようなツールがなければ、CIM 活用時の属性入力は難しいのです。弊社では、市販されている便利ツールを使い簡単に大量の属性を入れられるツールを使い対応しています。これを活用することで、３D への属性を入れるための特別な技術が求められるわけでもなく、エクセルで誰でも使えるツールを使い、現場で属性を入れられる仕組みを構築しま

図 5. 14　橋脚基礎の写真

した。これだと現場職員も負荷なく対応できるという助教になっています。結構これがポイントでした。エクセルを使えるというのが非常にポイントです。

最近の現場の説明会は3次元モデルを活用し、「現場施工中や施工完了後はこのような状況になります。再来月にはこんな状況になります」という説明を工事の近隣の方などに説明をしています。昔は、パワーポイントで作成した資料を印刷して配ったり平面図を見て説明していたのですけれども、3次元モデルをつかった説明だと、やはり聞いている方の理解度が違うため、質疑応答の内容も変わってきました。質問も具体的になり、説明も具体的にできるので、3次元モデルにおける説明はとても効果があるのではないかと思います。

地下埋設物を全部入れていったらどうなるかみたいな事例では、通電線や休止電線、地下埋設物でも利用中のもの、休止中のもの。など、埋設されているものをこのように色で表現すると、今後の調査業務にも役立ちます。地下埋設情報は工事にも役立つので、位置情報なども正確に入っているこのような地下埋設物3Dマップは重要です。

もう1つ、先ほどは土を削るバックホウでしたけれども、土を締め固める機械もあります。GNSS測技術を活用し位置情報を取得しており、「何時にどこにこの重機はいて、何回このエリアを締め固めたのか」という情報が画面上で確認できます。

この情報はテキストデータとして出力でき、この出力情報をそのまま利用して、3次元モデルを作成する取り組みもしています。これをすることで、実際の計画3次元モデルに対して、施工データをつかった3次元モデルを重ねることで、出来高や出来形がわかるという仕組みです。時間情報もはいっているので、施工進捗も時間という軸で確認することができます。施工現場では常に、いままでどうなっているのか、次はどうなるのかを見て予測して状況を最適化するための判断を行うことをサイクルとしておこなっているので、このような情報を整理して、見られるようにするのはとても意味のある事です。

何をやっても使い方一つによって便利にできる形になっています。

これは私が気に入っている写真です。ここに写っている方々にはいつも申しわけないと思っているんですけれども、平均年齢何歳だと思いますか。平均年齢65歳です(図5.15)。3名とも65歳。便利だったらどんどん使える、3次元モデルをみながら、ここがこうなる、あそこがこうなのか、という議論をしている姿です。いつも現場に行く前に見てくれるんです。3人で話して現場へ行

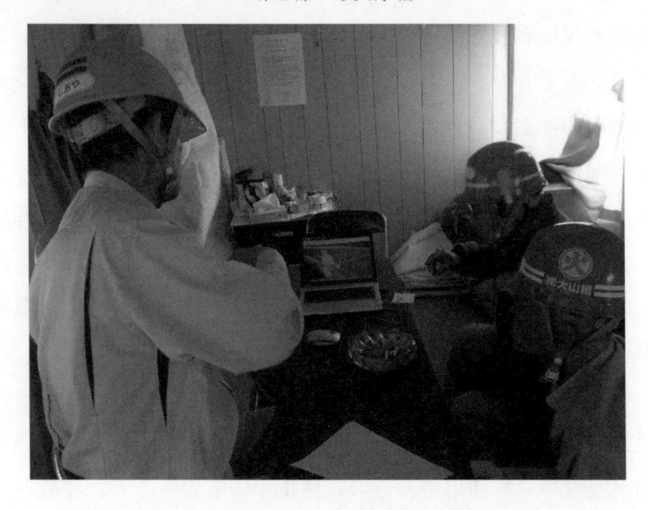

図 5.15 爺さん労務者 3 人の写真

く流れができていますが、これを見ると、ICT 活用に年齢はあまり関係ありませんね。要は使って何が便利になるのかがわかれば、だれでも使うようになることがわかっています。使わされてはダメなんです。自らが主体になり使って便利になるのを体感すれば、何も言わなくても使ってくれるようになります。こうやって少しずつ便利だと思う方が増えていくことが 3 次元モデル活用だけではなく ICT 全体の活用に重要だと実感しています。

海外で使っている事例も全く一緒です。

海外へ行って、関係者全員英語ができるかと思われる人が多いとおもいますが、実際はそのようなことはありません。東南アジア系は現地語での会話をワーカーの方々が行うため、ワーカーの方に、作業内容を正確に伝えるのはとても難しいです。なので、仕事を進めていくための共通言語は図面しかないのですけれども、そこに 3 次元モデルが入ってくると状況は一変します。コミュニケーションが一気によくなります。当たり前ですけれども、3 次元モデルがあるだけでさまざまな利用が考えられ、便利なツールとして使われ始めます。地元の方々に見ていただいたり、復興事業なんかを、地元にいる小中学生に来てもらい、これから町がこんなふうになるのですよというのをタブレットで透かしてみせるだけで将来のある若者たちが自らのこととして、町のことを考えるきっかけにもなりました。

最後になりますが、本日ご説明したような 3 次元モデルですとか、ICT 活用ですとか、ツールとして上手に活用することのマインとと環境整備を目的をもって進めていくことが重要だと思っています。
国土交通省が提唱された「i-Construction」とは、単に3次元モデルやICTを活用し、効果を上げるだけのことを言っているのではありません。
その目的は1点だけ「生産性を向上しよう」ということだけです。生産性を向上させるためのツールとして、3次元があったり、ICT建機があったり、GNSS測量があったり、ドローンがあったりということなのです。これらを生産現場で実際に利用する、利用できるようになることが重要です。

どんな立派なものすごい3次元モデルを作ったとしても、使わなかったら全く効果がありません。どんな単純な3次元でも、使って効果があればそれは立派な3次元、もしくはそこに属性データがそろえば、それは立派なCIMです。そういった感覚で使っていただければいいんじゃないかと思います。

効果のあるツールはを探すには、ニーズから見きわめましょう。

ニーズは現場にしかありません、私は今本社にいるのですが、本社にいるだけではニーズはわかりません。現場で何が困っているかというのがあるので、こんなツールを使ったら解決できるかを常に探し、現場と一体となり、ツール探しを行うことが重要です。当たり前ですけれども、ここがやっぱり一番重要です。

最新の技術が効果をあげられるのかというと、そんなこともありません。
昔の技術でもう忘れ去られたようなものであっても、今の時代だとものすごい効果があるのもあります。そういった意味で、トレンドを追うのではなくて、効果があるものをぜひ使っていただきたいということで、これが真の生産性向上の取り組みに重要じゃないかと思っております。

これで私の説明を終わらせていただきたいと思います。どうもありがとうございました。

第6章

CIMと建設生産システムのダイナミックス

坪香　伸（一般財団法人　日本建設情報総合センター
顧問：建設情報研究所長）

6.1　CIMの概念

CIMという言葉ですけれども、CIMもi-Constructionもあるいは欧米におけるBIMも、最終的に目指すところはやはり建設事業の効率化だと思っています。したがってCIMの導入ということについて、生産性を向上するとか安全性を向上するとかいうことはもとより、今からお話しする内容は、建設現場においてクリエイティブで、もう少し言うとわくわくするような現場、エキサイティングな現場を作り出していくツールになり得るというところが、今日私がお話しさせていただく1つの視点であります。

CIMというのはConstruction　Information　Modelingの略であります。これは後ほど説明しますが、建築分野におけますBIM（Building　Information Modeling）のBuildingをConstructionに変えたという、今から4年ほど前に当時の国土交通省技監であった佐藤さんが命名をされた。ここでModelingという言葉でありますけれども、最近は、形状をつくるということよりもManagementのMのほうが意味があるというので、Construction　Information Managementという言葉としての使われる方も多いようです。

これは全く余談でありますが、この秋に英国から来ていただいた方の御講演の中に同じくCIMという言葉があました。これはCivil　Integrated Managementであります。全く違った発想のもとにつくられた造語のようでありますが、いずれにしてもCIMの目指しているところと変わらないなという感じがいたしました。

今日お話しするのは、CIMに関して私どもJACICから調査団をいろいろ欧米に派遣していますが、その中で、特にアメリカでよく言われますのは、日本のトヨタに倣っているというわけです。それはどういうことか。工業製品の開発において3次元オブジェクトの活用を積極的に行っているのはまさに製造業です。特に自動車産業、航空機産業がその主たるところでありますから、ここでは土木ではなくて、まず工業製品の開発について3次元のオブジェクトがどういうふうに使われているのかということを御紹介したいと思います。次は建築分野はBIMとして10年ほど前から行われています。それからCIM、こういう順番でお話ししたいと思います。

6.2 工業製品の開発におけるメカニカル3Dオブジェクトの活用

ところで、工業製品の開発をする3次元のオブジェクトというのは、どんなCADでつくられているのかということをごく簡単に説明します。

これを見ていただいたらわかりますように、工業製品をつくるCADというのは、3次元の空間内にものを作るのですね。例えば、この正面というところをクリックしまして、その上にスケッチをするのです。何でもいいのですが、こういう矩形を描きました。これをコマンド、押し出すということをするわけです。そうしますと飛び出てきて、結果的に直方体ができるというソフトです(図6.1)。これは図面を描いているのではなくて、このディスプレーの中でものを作っているということに近いですね。

直方体だけだと面白くないですから、例えばここに円でも描いてみて、そこの穴をあけてみる。こういうことをやってみるわけです。そうすると穴が開くのです(図6.1)。穴だけじゃなくて、いろいろなコマンドがあります。例えば

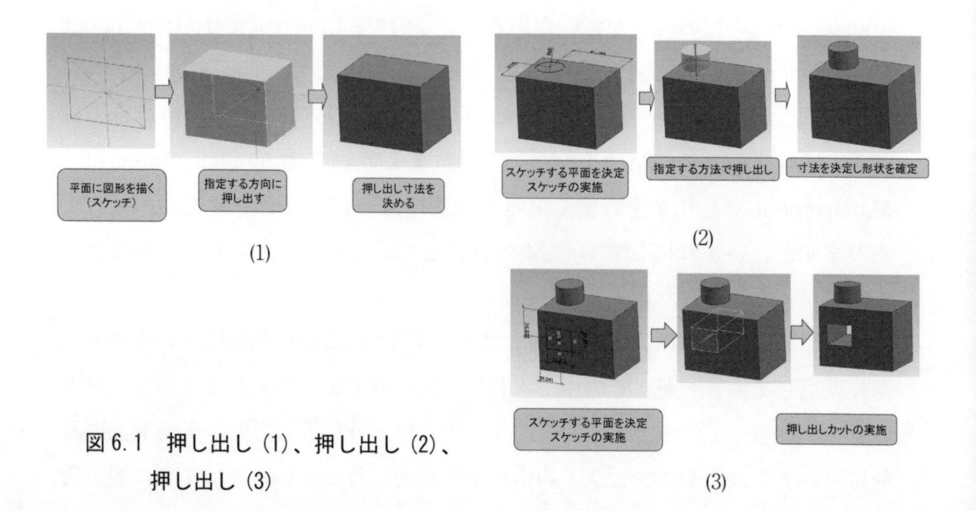

図6.1 押し出し(1)、押し出し(2)、押し出し(3)

ここにありますが、面とりもあります。それから突起をつけてみたいのであれば、そこにどんな形でもいいのですが描きまして、そしてまた押し出せばこういうふうにしてものができていくということです（図6.1）。つまり、何が言いたいかといいますと、この3次元のCADというのは絵を描くのではなくて、ディスプレーの中で造形するというソフトです。

次は回転です。これを回転させます（図6.2）。回転するのにこの軸でやります。当然ひょうたんができます。これは非常に分かり易いですね。次にパイプをつくるのですが、どこに描いてあるかといいますと、この平面に円が描かれていまして、この平面にループが描かれているのです。この円をこのループに沿ってスイープするというコマンドを発すると、ちゃんとパイプができるというものです（図6.3）。

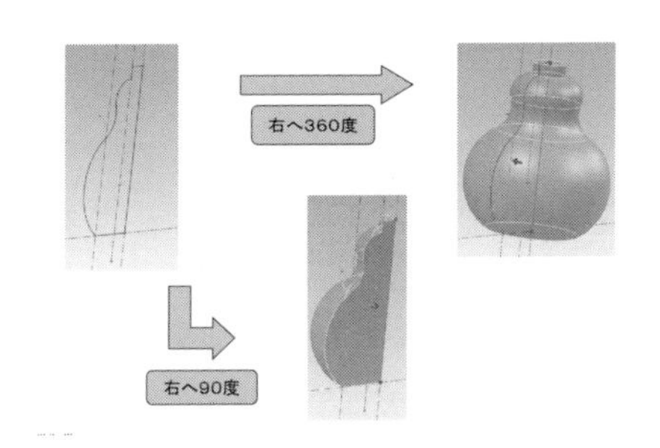

図6.2　回転

こういうもののほかに、製造業においては、例えば車のボンネットとかは曲面を多用しています。そういうことから、例えばこういうコマンドもあります。これは平行した平面に異なる図形があります（図6.4）。これを滑らかな曲面で結ぶというコマンドです。初めは、これとこれくらいは分かるのですが、さらに三角形と結ぶというのはなかなか分かりにくいのですが、一応このコマンドはこういう形で作ってくれるということであります。

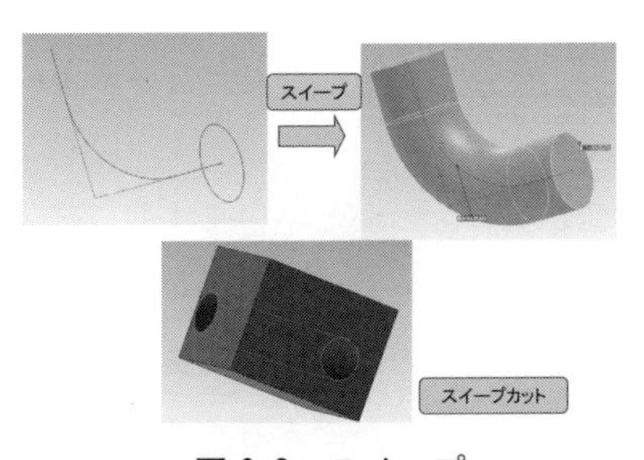

図6.3　スイープ

これらを多用すると部品を作ることができます。ボルトナットが一番分かり易いので作ってみました。これに一応ボルトを作ってあります。最後はねじ切りということで部品を作ることができます。

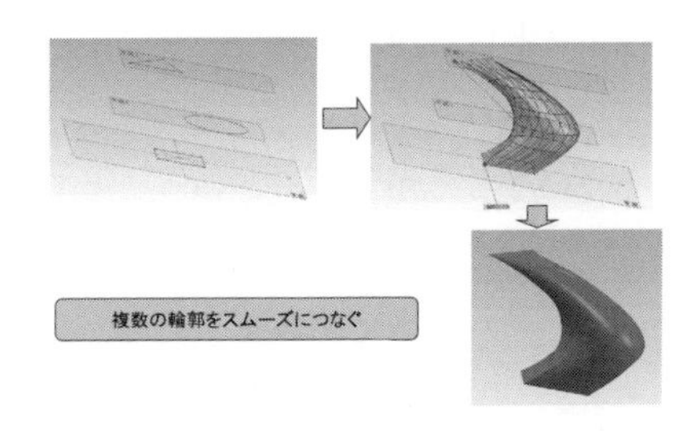

図6.4　ロフト

部品をずっと作っていくと、これ

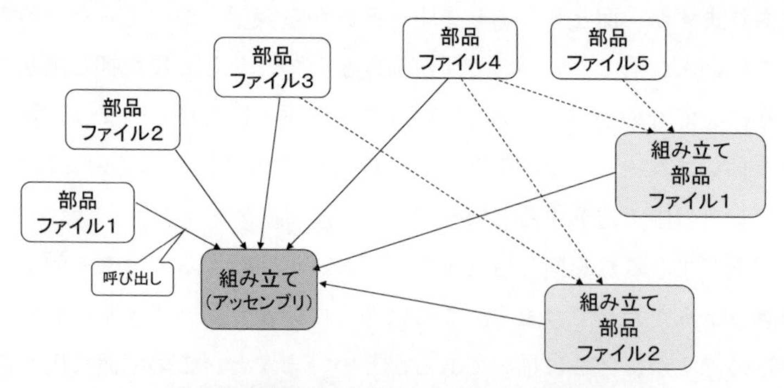

図 6.5　組み立て（アセンブリ）の作業

を組み立てるという行為があり得るのですね。これは見て頂いたら分かりますが、この軸受けを組み立ててみるわけです（図 6.5)。ご覧いただいたら分かりますが、例えば、この面とこの面を合致させるとほかの拘束を与えていませんので、上下には動いてしまうのですね。これをこの下とこの上を合致させますと、どのようにしても動かないです。

次に、これを挿入します。挿入するとこうなるのです。ところが、どの３次元のCADでもそうですが、これは拘束を与えているだけなので動くのです。これだと、重なっているところがわからないじゃないかということになるわけです。それで、普通は計算をさせるのです。そういうことで干渉を求めることができます。

何が言いたいかといいますと、部品をつくって部品を組み合わせて組み立てると、組み立てたものをさらに組み立てる。こういうことを繰り返していくとそれぞれ個々の部品から車まで作ってしまえることになるわけです。ディスプレーの中でそれができるってことですね。

それで土木の作品を作ってみたわけです。これは利根川上流の樽井樋門です。もうずっと前に発注されています手回しの樋門ですから、こんなの今は発注されませんけれども、こういうものです。これは、こう動くのです。このCADはそういうことができるということです。こういうふうにして組み立てていくということですが、下にもちゃんと樋門を作ってあるのですね。こういうふうにして樋門を作ってあります。また後で見ていただきますが、こういうふうにしてものをどんどん作っていくということです。

そうすると、２次元のCADと３次元のCADの何が違うかということにな

	目的	3Dオブジェクトの存在
2D	2D図面を描くツール	設計者の頭の中
3D	3Dオブジェクトを使って設計する 2D図面はプログラムが画く	コンピューターディスプレー上

図6.6　2DCADと3DCADの違い

ります。2次元のCADは2次元の図面を描くツールです。そうすると、この形はそれぞれの設計者の頭の中にあるから、2次元の図面を見てああでもないこうでもないという設計上の議論をするときに、それぞれの方の頭の中にあるオブジェクトをそれぞれが予想し合いながら議論していることになるのですが、3次元のCADというのはまさに造形されたものがこのディスプレーの中に作られるということです（図6.6）。設計するときにそこを伸ばせとか、そこを曲げろとか、そこを縮めろとかを、同じものをイメージしながらすることができる。そういう意味で、3次元CADは3次元オブジェクトを使って設計するツールです。これが非常に大きな違いです。

あたかも3次元のように見えていますけれども、これは2次元の図面を連続の動画として見ているわけですね。そうすると、2次元の画面はもう既に存在しているわけですから、3次元のオブジェクトを作ると、2次元の図面を極めて簡単に作ることができます。

さらに、このオブジェクトの中身は詰まっています。詰まっているということを説明したいと思います。これは軸受けですけれども、これに属性を与えるというわけです。例えば木材が一番わかりやすいのでそれをやりたいと思います。木材のマホガニーとかの属性があります。それを適用します。そうしたら、マホガニーのように見えるのですね。これは表面だけ見えているわけではないのです。質量特性を見るとちゃんと質量も出ますし、ここにありますように断面二次モーメントとか慣性モーメントとか、そういう物理量が出ます。こういうものがあると、解析ウィザードというのは別にあるのですが、これを使ってFEM（有限要素法）でこの応力解析をすることができます。属性を物理量だけじゃなくて、どこで購入したとかいつ購入したとかというような情報もこのタグを増加させることによって、属性として付けていくことができます。

3次元のオブジェクトを使っていろいろなシミュレーションができます。先ほど言いましたように、応力のシミュレーションもできるし、周波数のシミュレーションもできるし、熱分布のシミュレーションもできます。

またモデルは実寸で作ることができます。これでつくったものを電子的に直接工作機械に伝達すると、ニューメリカルコントロールマシン（NC機械）と言われるところに直接入れると、それで旋盤を回して必要な部品を作っていくことができます。

それからもう一つは、先ほど動かしてみましたが、モックアップということで動かしてみるシミュレーションもできるということです。

こういう機能を使って、製造業では何が行われて、今どうなっているかというのをお話ししたいと思います。昔はやはり2次元の図面を使っているわけですね。何を作るかという、製品コンセプトを決めます。どんなものでどういう動きをするかとか、どういう機能があるかというのを決めます。そうしたら、すぐ手書きでイメージ図を描きます。それをもとにして、2次元の3画面の図面起こしをして試作品を作るという作業を行うわけです。

試作品を作って、これでいろいろ試験をします。試験した結果、変更が必要だったら、また図面を起こしですね。ここの時間と金というのはものすごくかかるわけです。ここが製造業にとって非常に大きなポイントです。ここにできるだけ金を少なくして時間を短くするために、積極的に3次元CADソフトを導入したということであります。

イメージ図を作るところまでは同じですね。次に3次元のモデリングをします。先ほど申し上げましたように、いろいろなシミュレーションの機能があります。そういうものでシミュレーションをディスプレー上で行います。そうすると、どんどん精度の高いモデルができていくということです。

最後は、やはり衝突実験くらいは実際に物を作ってやってみないと分からないということがあるかもしれませんが、ごく限られた形で試作品をつくることになって、製品化されることになるわけです（図6.7）。

製造業は今、自動車でも航空機でも、次に何が起こるか殆ど分かる状況になっています。次何が起こるだろう。それをどれだけ短い時間で製品化して世の中に出すかが勝負です。そうすると、ここの時間をできるだけ短くしたいわ

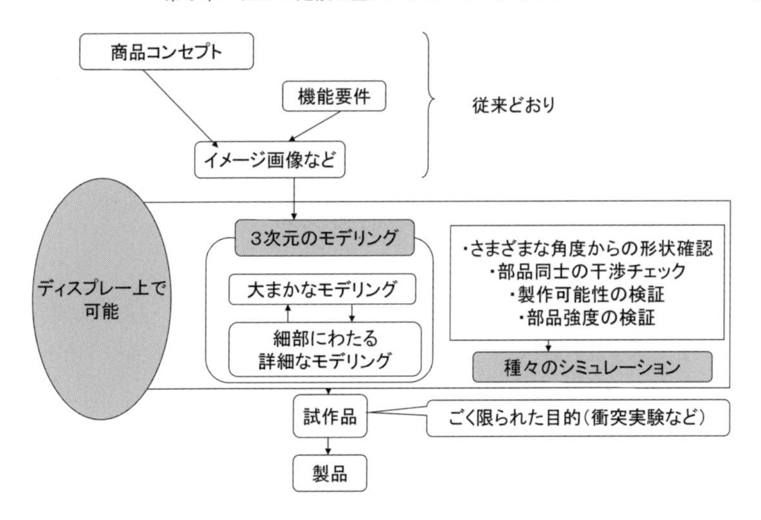

図6.7　工業製品の開発過程（3DCADを利用）

けです。先ほどのように、実際試作品を作っているようなことではなくて、これはリードタイムと言うのですが、それを短くしようということです。これを短くするために、3次元のCADソフトは極めて有効に使われています。1つのオブジェクトに対していろいろなシミュレーションができるようになっています。

ここにシェイプデザインと書いてあります。レンダリングの機能ですけれども、皆さんテレビで自動車のコマーシャルをご覧になると思いますが、あれは全てと言っていいほどこのソフトで作られています。車が車のように見える表面の状況とか全部機能として持つように、今ソフトは開発されています。

なぜ写真ではなくてこのモデリングかというと、よくご覧になったら分かりますが極めてはっきりしていますね。全ての点に焦点が合うのです。これが言ってみたら利点であり欠点ですね。画像を見ていただいたら、普通のカメラで撮ったやつは焦点が1点に集中することが多いです。だけど、これで作ると全ての部分に焦点が合うものになります。

それともう一つは、このソフトは高価です。今ここのパソコンに入っているソフトは安価ですが、一般に航空会社で作っているようなCATIA　V5とかいうソフトは、ワンパッケージで千数百万円するようなソフトです。そういうものをそれぞれのパソコンにインストールするわけにいかないので、1つのサーバーに確保しておいて、ネットワークを通じてそれぞれのパソコンからそれを使う、あるいは検討するということが日常的に行われるわけです。つまり、ネットワークを通じて設計作業をするというのが日常的に行われるということであります。　以上が製造業での話です。

6.3　建築分野におけるBIMの活用

それでは、建築はどうなのかということを次にお話ししたいと思います。データベースというのは当然のことながら存在します。施工中にデータベースはあるわけです。どこで仕入れたとか、どういう部材だとかそういうものについてのデータベースは存在します。これは属性情報という言葉で言うことができるかもしれません。もう一つは３次元のオブジェクトです。これは部材まで作ることができて、組み立てることができると先ほどお話ししました。そうすることによって、その情報とこのオブジェクトを部材段階くらいまで連携させることが可能です。しかも、それを動かしてみることができるということは、シミュレーションができるのですね。そうすると、データとオブジェクトが一緒になったデータモデルなるものはどんどん変更される可能性があります。このデータモデルを使って建物の設計、施工、管理のライフスタイル全部を示すことができます。

ところで、BIMという言葉はどれを指しているのかということですが、このライフサイクルまで含めた全体をBIMと言うのが一番広い意味でのBIMです。人によっては、このデータモデル、つまり属性情報を持った３次元オブジェクトをBIMと言われる方もおられます。もっと狭くは、この３次元オブジェクトだけをBIMと言われる方がおられます。したがって、報告書とか論文とかをご覧になるときに、このBIMという言葉はどの範囲で使われているかというのを確認される必要があります。

BIMを使うといろいろなことができます。一番よく出てくるのは、このウォークスルーですね。BIMで作ると、建物の施工前にオブジェクトを全部作ってしまうことができます。施主さんは、普通は専門家じゃないわけです。専門家でない施主さんにちゃんとそれに対する予算、金を出してほしいわけですね。そうすると、設計者は３次元のオブジェクトを作って、その中をバーチャルリアリティ、移動するように見せるわけです。そうすると、ドアの位置とか窓の位置とか衝立の高さとかを見ることができます。まだ実物を作っていないのだけど、見ることができるわけです。これによって施主の判断をきっちりと明確にしてもらうということができます。

ところが、問題があります。それは、航空機を作るものは、全部ワンパッケージです。１つのメーカーのソフトで作っているのですが、BIMの建築の分野では構造計算というのは、昔から３次元で行われています。３次元ディスプレーの中で、耐震によって骨組みが挙動するのをご覧になったことがあると思いますが、構造設計は一番古いです。その次に意匠設計です。それからもう少し古いのが設備設計ですね、パイプラインです。プラントとかそういうところのパイプラインを作るソフトが作られてきている。そのほかにもいろいろあります。これを見てみると、ここの四角で示してあるのはCADのソフトです。３次元、3DCADのソフトがいっぱいあるのですが、それにぶら下がっていろいろな情報が関連するのですけれども、これは全部ワンパッケージじゃなくて、それぞれ独立して作られたということです。そうすると、ちゃんとデータ交換ができるかというのが非常に大きな課題になります。

この絵の中の赤い線は、一番下でちょっと見にくいのですが、IFC形式で情報交換ができるとなっているのですね。これが国際標準です。ところが、赤くないところがまだ残っています。これが簡単には情報交換できません、何らかの工夫をしないと情報交換ができないという状態になるわけです。そうすると、ソフト間で情報交換できるような交換標準をつくるのが非常に大事になります。

世界的なbuildingSMART　Internationalという組織がありまして、そこで国際標準、交換表示が議論されています。地域代表があります。そしてBoardがあります。これが決議機関です。ここにAdvisory　Councilってあるのですが、言ってみればスポンサー的立場にあるCouncilです。興味深いのは、先ほどお話のあった鹿島建設がこの春から入っておられることです。この下にRoomというワーキンググループがあって、その中にインフラルームというのがあります。これが今、土木に関する交換標準を議論しているところであります。参加している国はこういう国です。日本からも調査団を派遣しております。

ところが、そういう交換標準を作らなくても進んでいる国はあるわけです。それがここにいっぱいあるのですね。これは2011年の資料です。今から５年前です。ここで英国は2016年に政府事業におけるBIM利用の義務化と書いています。2016年が今です。2011年にこれを宣言しているのです。政府の方針として宣言しているということです。ここで言うBIMは建築という意味ではありません。欧米においてBIMというのは、あえて言えばインフラもBIMです。つまり、BIMというのはインフラを全部含んでいるということです。したがって、公共調達全部、BIM利用が義務化です。

その中でイギリス政府はどういうことを言っているかというと、CAD導入のレベルはこの3段階に分かれるというわけです。2011年現在、英国はレベル1とレベル2の間にあります。2次元のCADと3次元のCADが混在しています。これを2016年までにレベル2にすると。これは全てを3次元化して、データベースについても交換可能な状態にすることです。これが2016年です。そのためにイギリスは、BS、BSの前がPASというものですが、そういう標準をもう作っています。これについて、いろいろJACICも勉強しているのですが、またこれについては別の機会にいたします。

いずれにしましても、2016年までにここまで達して、公共調達における20%の削減をするというのが大目標です。20%って本当か、2016年だから本

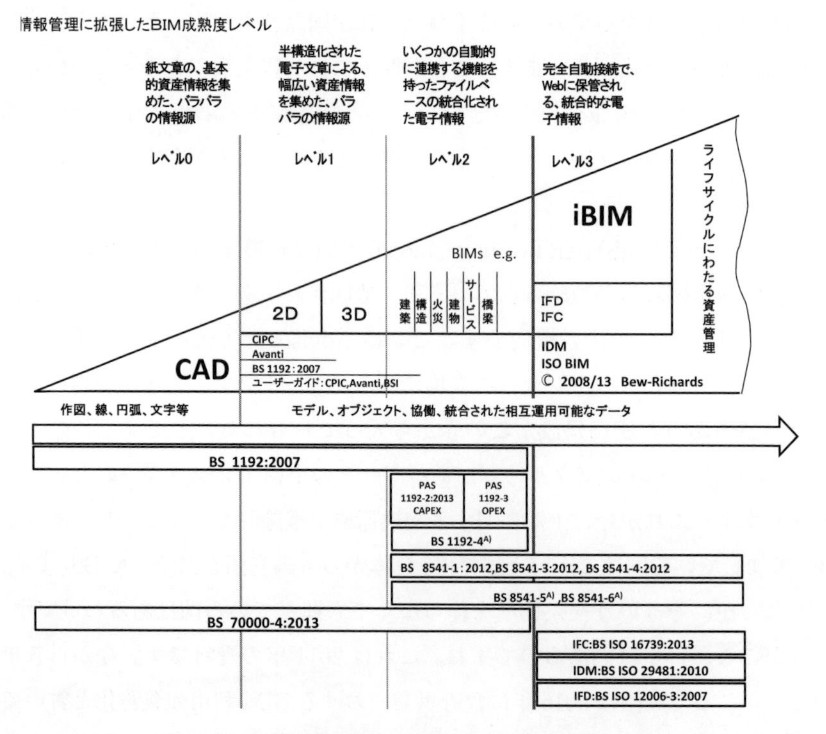

図6.8 資産情報管理に拡張したBIM成熟度レベル

当かと思って、今調査していますが、どこに行っても言われる数字が違いますので、ちょっと分かりません。

これが2011年にイギリスの方の講演のときに出された資料です（図6.8）。自分達イギリスがどこにいるかというと、2011年の段階では「レベル１とレベル２の間にいます」と言うわけです。

ところが、これを見ていただいたらわかりますように、更に先進国があるのです。この先進国は一体どこなのかということですが、ノルウェーとフィンランドですね。現在2016年になっていますので、フィンランド、ノルウェーなどはレベル３の域に入っています。これは実態として存在しているわけです。全てのプロジェクトについて統合管理しようということであります。この流れがあるということです。

6.4　土木分野におけるCIMの活用

次に土木のお話をします。これはわが国の土木です。2012年、イギリスが宣言した１年後、国土交通省の技術基本計画にCIM導入がうたわれているということです。従来やってきたCALS/EC活動というのは、御承知の方もおられるかもしれませんがこういうものです。つまり、発注者と受注者の真ん中に共通データベースを構築するということです。そうすることによって、発注者も受注者も、あるいは一般の国民の皆さんも企画から調査、計画、設計、工事、維持管理に至って情報を共有しようという活動です。

これと３次元オブジェクトを入れたものとどう違うのかということです。これを先ほど建物で示しました構造物に置きかえると、構造物についても同じようにデータベースがあります。それから、コンピュータ上で実物同様の形状を持つようなオブジェクトがある。

部材まで作ってあるというのを先ほどお見せするのを忘れてしまったのですが、こうしてどんどん非表示にしていくのです。そうすると、ちゃんと作ってあるのをご覧いただけると思うのですね。

私はこの歳になって初めて、ゲートのスライドなるものはこういう位置にこういう形でひっついているというのを知りましたけれども、作ってみて取りつけてみるとこういうことです。

これは先ほど言いましたボルトナット、ワッシャーまでつくって組み立てたものです。こういうふうにして、作ろうと思えばいくらでも作れるのですね。それをデータと連携させるとシミュレーションができます。シミュレーションができると、どういうことが起こるかというと、皆さんの中にも調査担当の方とか計画担当の方とか設計担当の方とか、積算、施工、維持管理、こういう御担当の方がおられると思います。その方々がまず構想して、設計の初めの段階でこの構造物のデータモデルを作るわけですね。例えば計画の人がそれを使って計画上の検討をして変更を加えるということは可能なわけです。そのときに、同時に施工の方もそれを使って施工の検討をして変更を加えるというのも可能なわけです。

そうすると、この構造物のデータモデルというのは、並行活用、並行変更が可能ということです。機械関係でいうと、コンカレントエンジニアリングですね。この絵の一番のみそは、ここに矢印を描いていないということです。このデータモデルがどんどん進化していくそれぞれの過程で、それぞれの立場の方がそれによって検討して変更を加えるということです。

こうするとどういうことが起こるかということです。ここにありますように、公共施設の発注は調査、計画、設計、積算、施工、維持管理という流れで行われます。ここに破線を描いてありますが、ここで入札という行為が行われるわけですね。この前に、こういう担当の方がこのデータモデルを使って事前にできるだけ検討を施すと、着工してから維持管理に至るまで、手戻りがない状態を作ることができるということです。

というふうにお話しすると皆さんの中にもおられると思いますが、これは施工者が事前検討、フロントローディングの中で参加されるのだったらいいけれども、そうじゃなくて、今までどおりコンサルタントさんであればいいのではないかと言われた途端に今までと全く変わらない状況があるということです。

つまり、この絵は今までのデザイン・ビッド・ビルド、設計施工分離方式の発注方式に対して、それを前提とするとなかなか効果が発揮できないのだけれども、それを何らかの形で見直すようなことが起これば非常に有効だということになります。4年前にこういうことを言われて、技術検討会と制度検討会が組織された。3年間議論していただいたということです。もう一つは、それに並行して試行工事が行われています。技術検討会はもう既に終わっていまして3回の報告書があります。JACICのホームページから入られると見ていただくことができますので、ご覧いただければと思います。

ところで、試行工事が興味深いです。これはコンサルタント業務です。見ていただいたら分かりますように、何となしに増加傾向にあるかどうかというのに若干の躊躇を感じるというのがありますね。

これは工事です。指定型というのは発注者指定、希望型というのは受けた業者さんがCIM導入でやりますというやつです。これを見ていただいたら分かりますように、驚くほど増えるのですね。つまり、工事を請け負ったゼネコンさんは、CIMを導入することにメリットを直接的に感じておられると思います。これがコンサルタントさんと大きく異なっていることではないかということです。もっと正直に言えばいろいろ言い方があるかもしれませんが、実態としてそういうことなので、これをお示ししました。

技術検討会の中でいろいろ議論しましたけれども、1つだけその例を挙げます。モデルのLODに関する検討というものです。これはどういうものかといいますと、先ほど3次元のオブジェクトを見ていただきましたけれども、あれをどんどんズームアップすると、どんなところまでも見ることができますね。例えば、月から見た構造物からずっと近寄って数センチのところまでズームアップしようと思ったらできるわけです。つまり3次元のオブジェクトには縮尺という概念はありません。

縮尺という概念が何で2次元ではあるかというと、紙の大きさが決まっているがゆえに縮尺という概念があるのですが、3次元のオブジェクトは全部実寸で入っていますから、どこまで作り込んであるかということが重要です。形だけなのか、それもゲートのところまで作ってあるのか、それとも部材も全部作ってあるのか。どこまで作り込むかということが大事ですね。それがモデルのLODと言われるものです。皆さんも、3次元オブジェクトを作るベンダーさんとかソフト屋さんに3次元プロジェクトを発注されようとするときに工数が決まらないということですね、どこまで作り込むのだということを決めることが必要です。

それでLODというのは非常に大事だということで、ここに例として水門が挙がっています。地図上に場所を示すのだったら、これぐらいのものでいい。だけど、何かここにひびがありますよとかケチを付けようとすると、それが分かるくらいが必要だ。あるいはひびが入ったり傾いたりしているのも表現しないといけない。もっと作り込まないといけないということですね。

ディズニーのアニメがありますが、今はほとんど全てと言っていいですけれども、3次元のオブジェクトをつくって動かしているわけですね。あれもどこまで作り込むかということが工数に響くので、今かなり作り込んであるから、かなり金をかけているのが想定できることです。技術検討会、制度検討会が終わりましたので、今、CIMの導入推進委員会が行われております。

ここから先ですが、調査、計画、設計、積算、維持管理まで一連で3次元のオブジェクトを使えます。それを中心に据えてやったら非常に分かり易くなって、効率が捗っていいですねと言うのだけれども、世の中そんな状況になっていないぞということをこれからお話ししないといけないということです。

1つは、もう土木構造物は既に完成しているじゃないか、もう維持管理に入っているもののほうがずっと多い。そうですね。調査、計画から出発した大規模プロジェクトはあまりないですね。それからもう一つは、国が積極的に3次元オブジェクトを導入しろと言うものだから、計画段階のものを、施工段階のものを、維持管理段階のものをもう既に作っている人達がいるということです。こういう人たちはどうするつもりなのかということがあります。それともう一つは、国が施工工事をしろと言われたものだから、むやみに3次元化したものを作りましたというのがあるのです。むやみに3次元化するとどういうことが起こるかという失敗例をお示しします。

これは私の失敗例というよりも、やってみて実感として思ったということです。

これは発注図面です。ここは名古屋の皆さんにはちょっとお判りにならないところがあるかもしれませんが、場所は渋谷です。渋谷の国道で、その上に高架の道路が並行して走っています。これを横断しているのが東横線ですね。こういう複雑な構造物の位置関係。ここに排水ポンプ場を作るのです。それの発注図面です。これは一般図ですね。そして横断図、これが鉄筋の背筋図で、これが展開図ですね。そして加工図です。これをもとにして一度鉄筋を作ってみようと思ったのですね。鉄筋を作るのに、鉄筋の加工図がありますから一つひとつ作っていくわけです。どんどん作っていきます。3次元にすると展開図よりもよく判るのじゃないかと。だけど、どんどん作っていくとこういう状態になるのです。

これを見ていただきたいと思います。　一応これは発注図面から全部作ってあるのです。これをもって良く判るようになったという人は一人もいませんでした。当たり前です。これはむしろ分かりにくくなっているのです。ですから、むやみに3次元化することは控えないといけないというのを実感として持ったということです。つまり、目的に即した3次元オブジェクトを作らないといけないということです。

目的が不明確なものは作っても意味がない。作業だけ増やされ、そのネガティブな印象しか残らないということです。目的に即した3次元オブジェクトを活用すべきだ、目的を持たないような3次元オブジェクトは排除すべきだということです。

そうはいっても、3次元だと分かり易いこともあります。例えば、鉄筋でもこれぐらいなら判り易いですね。どこがどうなっているかというのが分かり易いですね。

それからもう一つは、先ほど言いましたけれども、実寸で示されています。これも今のポンプ場でコンクリートの部分ですけれども、実寸で示されています。それはどういうことかというと、例えばこの断面をとるのですが、ここに測定というのがありまして、この床と天井とクリックしますと、ここに3,000ミリと出るのです。つまり、実寸で作ってあるので、このメジャーの機能を使うと、2点間の距離、円のエッジの長さ、面積がちゃんと数量的に出てきてくれます。そういう意味で、実寸で入っているからいいじゃないですかというのはあります。それからさっき言ったように、動かすことができます。

こういうふうにして3次元のオブジェクトを作業の中心に置いてくると世の中がどういうふうに変わるかというのをちょっとお話ししたいと思います。

3次元のオブジェクトというのはこのディスプレーの中でしか動かないですね。これをプリントアウトして皆さんにお配りしても、何の意味もないですね。ディスプレーの中でぐるぐるっと動かしたりすると形状の認識が共有できるわけですから、3次元のオブジェクトの活用は電子データのみでしか使えません。そうすると、結果的に電子データとの連携が非常にいいです。当たり前ですね。ところで、我々が日常的に建設作業をしているときに、ワードもエクセルもそれから測定データも全て得たときは電子データですね。それをプリントアウトして紙化していることが問題です。電子化することの問題点よりも、紙化することの問題点のほうが大きい。3次元オブジェクトを中心に据えて作業を行うと、全てが電子情報で処理したくなる。それで、建山先生が言われた管理業務の省力化にはまさにこれを中心に置いてある。ひょっとしたら、たくまずしてできるのではないかという感じはいたします。

それからもう一つ、形状表現の手法が問題ではなくて形状確定の理念が問題。これは何を言っているかわからないので、1つ例を挙げます。これはボックスカルバートですが、こういうふうにして作られています。それをお示ししたいと思います。これは600掛ける600の呼び径ですが、これを3500掛ける2000、2700掛ける2700というふうにして作っていますが、3つ作っているのじゃないです。これはこういうふうにして作られているのです。普通のエクセルの表です。ここに勝手に数字を入れるのです。これは独立変数です。そして、ここにシグマとか8とか赤で書いてありますが、これは演算の式を与えているのですね。今の独立変数を勝手に与えると、それによってこの幅ですとかそういうものを計算してこのソフトが自動的にアジャストして、この形を作ってくれるわけです。

そうすると、この幅は長手方向の何分の1かとかいうのを決めないといけないですね。それはまさにエンジニアリング的思考じゃないですか。先ほど建山先生のお話にありましたけれども、これによって省力化はできているのだけれども、まさにエンジニアリング的思考をここで発揮しないといけないことになるわけです。3次元CADソフトを使うことについてそういうことが言えますねというのが1つです。それと、連続で積分してくれます。後で言いますが、3次元の立体をつくると積分しますので、数量計算が積分の形で数字がちゃんと出てきます。いずれにしても、そういうふうなことになるのですが、現場の皆さんに分かり易くしろというので、こういうことを考えているのです。

今、実現場があります。この建物も内部も実現場です。それに対して仮想現場というものがあります。仮想現場というのは、ディスプレーの中にこの建物の中身と、部屋の中身と全く同じものを実寸でここに作ることができます。しかも、それは先ほど申し上げましたように属性を与えることができます。だから、実現場と仮想現場の違いは、仮想現場は形はよく似ている、同じだけれども、属性情報を持っているということです。属性情報を持つと将来を予想することができます。これは仮想現場の未来を予想するわけですね。この作業はまさに計画とか設計の概念です。つまり、実現場に対して仮想現場を想定し、未来の仮想現場を想定することが設計とか計画という作業ではないかということです。

そういうことからして、計画、設計、施工、維持管理などで、いろんな分野でいろいろな試みがされています。それをアトランダムに説明したいと思います。

1つはこれですね。川内川で激特をとりまして改修したものです（図6.9）。ご覧になったら分かりますけれどもこれは改修した後です。改修する前じゃないですね。川内川という川が九州にありますが、ここに曾木の滝という狭窄部がありまして、洪水によって上流が氾濫して、ここに放水路を作るということです。このためにいろいろなことを使ったのですけれども、3次元CADのツールを駆使して模型を作る、住民説明はするということで、最終的にあのデザインに落ちついたということです。それでグッドデザイン賞を受賞されたということがあります。

2つ目は、上の図は2次元の図面です。2次元の図面の3次元で作った図面とどう違うのか。丸で描いてあるからここに注目しろということはわかりますけれども、これがなかったらこれとこれとどう違うのかということです。だけど、下の3次元でつくったオブジェクトを見たらもう明らかです。ここに柵がないじゃないか。それだけのことです。

2次元の図面を見て、ここに柵がないということを判るのが土木屋だと言われる方もおられますが、先ほどお話がありましたように、専門家というのはそれほど多くないのです。むしろ少なくなっています。そうすると、みんなが気をつけないといけない、みんながチェックしないといけない。そういうことか

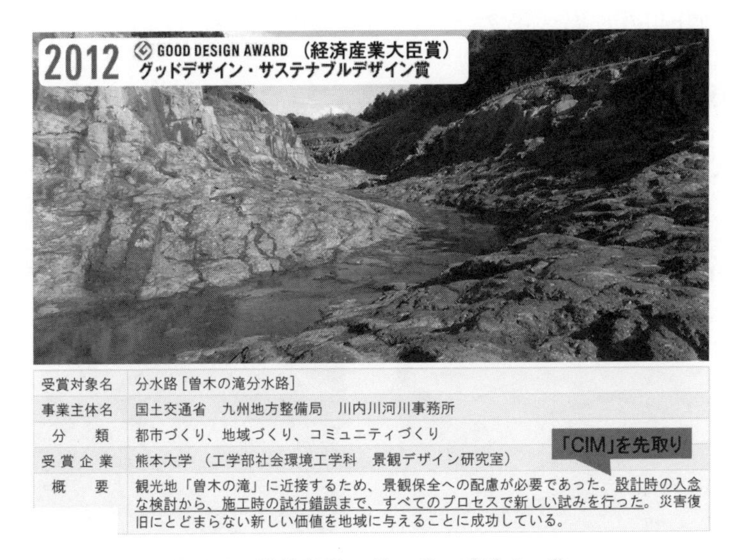

受賞対象名	分水路［曽木の滝分水路］
事業主体名	国土交通省　九州地方整備局　川内川河川事務所
分　類	都市づくり、地域づくり、コミュニティづくり
受賞企業	熊本大学（工学部社会環境工学科　景観デザイン研究室）
概　要	観光地「曽木の滝」に近接するため、景観保全への配慮が必要であった。設計時の入念な検討から、施工時の試行錯誤まで、すべてのプロセスで新しい試みを行った。災害復旧にとどまらない新しい価値を地域に与えることに成功している。

図6.9　激特事業でグッドでデザイン賞

らすると、3次元であれば、誰もがわかる状況をもたらす。

これもそうですね。堤防にこんな段差があるわけないです。これは間違いです。

これに至っては、水門が前に出過ぎていますね。これは3Dオブジェクトを作ったらすぐにわかります。こういうことで、手戻りを招来しないということになります（図6.10）。

それからもう一つは、先ほど積分の話しをしました。切り土、盛り土を決めたら、勝手に積分してくれます。コンクリートもそうです。コンクリートの中に鉄心を入れたときに、コンクリートの体積とこの鉄の柱の体積を求めたら、簡単に積分してくれます。積分というのがくせ者です。例えば、今の積算基準は代表断面の面積に長手方向を掛けるというのが基本ですね。だけど、積分してしまうので今の積算基準に合いません。ここが大きな問題です。つまり、積算による数量計算を是認するかどうかということが、今発注のときの基準の中で非常に大きな課題になります。

それから、この時です。これは管理上でこの検査廊の高さを決めようというものです。この人がウォークスルーで入っていって、この桁の下のどこまでちゃんと見ることができるかということで、これも3次元で作ればやれないことはない。

それから、計画上やってみたというのをお見せします。これは北上川の下流です。北上川の下流というのは、上流で洪水の被害を止めてしまうので洪水が

設計段階：可視化による干渉チェック

従来であれば、設計時には見過ごされ、施工時において顕在化する図面間の不整合，構造物の干渉等が3次元モデルの作成によって可視化されることで、発見しやすくなる
⇒設計品質の向上、手戻り軽減

堤防の高さが合わない箇所や法面が連続していない箇所があることが判明

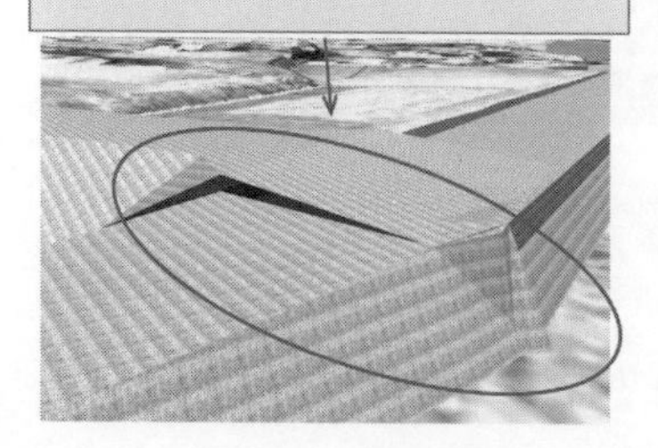

樋門の座標値に誤りがあったため堤防に対して樋門の位置が川側に突出していることが判明

図6.10 CIMの河川分野での取り組みと得られる効果

来ないものですから、堤防がありません。全く堤防のない状態です。これに津波が来たわけですね。被害を受けたわけです。そのために、津波のために堤防を作るというので、どういう堤防を作るかという議論をした。

この絵は、ここにありますように地理院の地図情報の標高モデルから航空写真を張りつけて３次元化したものです。これは、３次元化した航空写真を張りつけているだけです。張りつけないと、３次元化した形状だけだとなかなか見にくいです。こういうふうにして航空写真を張りつけると非常にわかりやすくなります。堤防がないのをご覧いただけると思います。

この地理院から得た情報に対して、ここにあります橋、電線はレーザプロファイラで撮った３次元オブジェクトです。これを今のところに張りつけた。ここに水面があります。水面が波のように見えますね。これは波のように見えているだけで、実際の動画ではありません。これはレンダリングという手法で、ここは川面ですよと言ったら、こうやって波打たせてくれる。こういう技術が進んでいるということです。あたかもそのように見せる技術がどんどんどんどん進んでいきます。ずっと右を見ていただくと、これが有名な石ノ森章太郎記念館です。こういうふうにレーザプロファイラで撮ると、撮れないところはこうして欠けて見えます。これは当たり前のことですね。

こういうふうにして地形図に実際の構造物を張りつけ、しかもこれに将来の堤防を張りつけたのですね。これはちょっと稚拙ですね。レンダリングが進んでいないのです。ここは土です、これは芝生です、これは砂利ですね。そういうのがよく分からないですね。もっとレンダリングが進むとこれはやっぱり芝生らしく見えてくるのです。それはこれからの話。いずれにしても、堤防の天端から見たときにこうなりますよ。それから、これは動画ですので動かせませんが、高水敷から見たらこうなりますよということで、どんなものができるかということを皆さんに示すことができるということです。

それからこの図ですがこういうふうに、工事するときに高圧線域を３次元的に確認することもできます。

それから維持管理。これは先ほど御紹介あった胆沢ダムですね。この胆沢ダムというのは、ここに石淵ダムというのがあって、ここに大きな胆沢ダムを造って貯水池も堤体も全部飲み込むダムですね。ここにある茶色いところが、このダムの調査によって得られた３次元データから作った地形のオブジェクトです。

ここから見えてくる白いところですね、これは先ほど申し上げました国土地理院からの資料を継なぎ合わせています。

もう既に管理に入っていますので、これを３次元化して活用できないかということで、３次元のオブジェクトをつくって、全部データを張り付けたということです。これは２次元のデータだけでも堤体に張りつけると見やすくなるのじゃないかということで、３次元のものを作っておくと、２次元の資料も見やすくなるなということです。

これは堤体の中の観測地点ですね。例えばこの観測地点をクリックすると今のデータがぱっと出てくるようにしたいのですが、それはまだできていません。いずれにしても、観測地点がここですよというのが分かります。

ところで、こういうものを事務所のパソコンで見るのはいいのですけれども、やっぱり点検に行ったりしたら現場で見たいですね。現場で見るためパソコンを持っていくのは厄介だということになります。それで考えてつくったのが、タブレットでも見ることができますよということです。こうすると、タブレットで堤体に関する情報を現場で見ることができるということです。これは極めて興味深いことだと思います。

だけどそうはいうものの、既存のやつがあるじゃないか。この形状をどうして測るのかということです。地図より難しいですね。設計図もない、何にもない。この形状をどうして測るかということで、点群データと写真と一番新しいデプスセンサーというのを紹介したいと思います。

点群データ、これは一応やってみました。渋谷で前後250メートルのところを点群データでとった(図6.11)。これは高架ですね。下に国道が走っています。点群データというはこういう代物です。ご覧になったらわかりますが、欠けます。ただ、色がついています。これは１点１点、XYZの座標だけじゃなくて、色データも入っているから離れて見ると写真のように見えます。あるいは、１点１点なので、裏から見ると同じ色に見えますから、何か紙が張りついているようなものです。

先ほどのポンプ場。これも作って張り付けてあります。こういうふうにして点群データは取れるのですが、このままではなかなか使い勝手が悪いですね。一番悪いのは250メートルとって３億点です。３倍すると９億。それに色情報。何かもう得体の知れない情報量です。パソコンでは絶対に動かないですね。上等のワークステーションでもなかなか動かないです。点群データというのはそ

図 6.11　【参考】CIMプロジェクトチームで構築した具体のCIMモデル

ういうものだということです。

これを何らかの形で処理しないと、パソコンとかそういうところあるいはタブレットで見ることができません。その考え方も今いろいろ進んでいます。いずれにしても、３次元データのとり方として、点群データはあります。これはいろいろなところなどで活用されていると思います。

もう一つは、写真を撮って実体視して３次元的なものを作っていこうというものです。

それから最後ですね。これは一番最先端。最先端なので、まずは動画から。

この人が持っているのはスマホです。スマホでこの人が部屋をずっと撮っているのです。動画として撮っているのですね。この人が撮っている部屋の動画というのは何なのかというと、もう少しで出てきますね。こういうものです。これがスマホの中に作れるということです。つまり動画でずっと撮るのです。そしてこのソフトを使うとスマホの中に３Ｄオブジェクトを作ることができます。形だけかなと思うのですが、なかなかこれは正確でして、今ここにポインターがありますが､このポインターがそのうちここへ来ます。もうすぐ来ます。そうしたら､ここにメジャーがあります。これをクリックするのです。そして、このメジャーを床にクリックします。そうすると高さが出るのです。つまり、実寸で入っているということです。これはすばらしいですね。またここに記事を書くこともできる。つまり､属性情報を入れることができるというものです。レーザを使っているわけではなくて、赤外線を使っています。これは、イスラエルが公開したので、Googleがそれを買い取ったデプセンサーというもので、世界的にこれを使う、開発しろというのをオープンにしたのです。つくられた一つがこのkinectという製品です。これは名古屋で言ったらどこでしょう。東京だったら秋葉原で、大阪だったら日本橋、そういうところに行くと売られています。簡単に3次元の画像をつくることができます。原理は、今日は説明を省きます。

いずれにしても、いろいろなことをやるのですが、私がソフトを使うときに技術屋さんに使ってほしいと思うのが1つあります。それはこれです。これは先ほどのポンプ場の入り口のマシンハッチにある鉄筋です。これをご覧になったら、ちょっと不思議です。ここにものすごくたくさんフックがある。しかも、こっち側は鉄筋がものすごく太いですね　。反対側を見ると、フックは少ないし細いですね。それは当然のことで、こっちに道路があるからですね。圧力がかかるのでこうなっているのです。ところが、これはラーメンで設計していると思われます。そうすると、この全面にこれだけのものが要るのかということです。先ほどお示ししましたように、3次元のCADをつくってこの形でつくると、FEMで応力の評価ができます。そうすると、本当に必要なところだけやればいいということになるわけです。

今は代表断面で鉄筋を決めてその面に伸ばしていますね。そういう考え方が大きく変わる可能性があります。　先ほど建山先生がおっしゃった技術者の判断の緻密化といいますか、もっとクリティカルな状況に即して設計なり計画を立てることができるというのが、3次元を導入するとそういう可能性が非常に高いということが言えます。これが私の一つの主張です。

最後の締めくくりで申し上げますけれども、ここにおられる方はほとんど、土木屋さんが多いと思うのです。土木屋さんは、例えばこのICTとか3次元のCADだとかデータベースだとか、それからネットワークだとか、そういうことについてあまり、馴染みを持とうとされているかされていないか判らないですけれども、そういう状態があります。

そういう中で、この2つのことをお話ししたいと思います。データは集めたら使えるというものではありません。漠然とデータは集まったら使えるのだというイメージがありますね。これは、私どもJACICでコリンズ・テクリスというデータベースがあります。六百数十万件あるのですね。あの中から1つのデータをある条件で求めようとすると、やっぱり20分くらいかかります。だけど、入札のために必要なキーワードで検索したりすると5秒で出てくるのですね。5秒ルールというのを作ってある。それは、データベースの構造をそうしてあるからです。つまり、集めたら使えるというものじゃありません。今はいくらでも集めることできます。数百万件だってすぐ集まります。集めただけではだめで、目的に応じて使えるようにデータベースは構築されないといけないということです。

もう一つは、情報は1カ所にないとだめなんじゃないか。集約。情報集約という言葉があります。これを物理的に情報集約ということに今までなっていました。1つのサーバーに必要なデータを集めるということです。だけど1カ所に集約しないといけないか。皆さんGoogleを使われることがあります。　あれはあたかも世界中のデータが1つのデータベースのように振る舞っていますね。　検索キーワードを入れるとすぐ出てくるわけです。そういうことからすると、1カ所になくてもいいということです。2カ所でもいい、数十カ所でもいい。そういう状態になっているということです。要は、情報とアイデアというものは地球上どこにあってもいい。ただ、いつでもどこからでもネットワークを通じてアクセスができて、仮想的に集約です。そして、関係者が共有できて、意見交換ができて、意思決定ができればいい。そういう意味で、データベースは1つの場所に集めるだけでなくて、分散型はあり得ますよということを申し上げたかったということです。

一番端的なのは、プラントメーカーです。例えば、プラントメーカーは、3次元のオブジェクトはシンガポールで作るのですね。そして、設計はロンドンでするわけです。現場はモロッコ。そういうことが日常的に行われている。東京では全ての情報がわかる状態になっているということです。

こういうふうなことが進められると、建設産業の生産性も向上して、現場においてタブレットを使ってネットワークとかデータベースにすぐアクセスできてやっていくことができると、建設現場はよりクリエイティブでエキサイティングになるということを申し上げたかったということです。

第7章

第11回PIセミナー

ディスカッション1

本章では、第10回PIセミナーにおいて、講演の後に行われたディスカッションのやり取りを掲載します。ディスカッションでは、セミナー当日の会場の参加者の方々からいただいたご質問に対し、講演者が回答する形式で行われています。

図7.1　第10回PIセミナーのディスカッションの様子

■**登壇者**（所属は2016年12月時点）

建山和由　氏（立命館大学 理工学部 教授、学校法人立命館常任理事）

三浦　悟　氏（鹿島建設株式会社技術研究所 プリンシパル・リサーチャー）

坪香　伸　氏（一般財団法人　日本建設情報総合センター理事）

■**コーディネーター**

鈴木　温（名城大学　理工学部　教授）

○コーディネーター

先ほど会場の皆様からいただきました質問票をこちらで整理しました。なるべく全てのご質問を紹介してまいりたいと思います。時間の許す限り、講演者のお三方にはご質問にお答えいただきたいと思います。

それでは、まず建山先生へのご質問です。

「3K（きつい、汚い、危険）のお話がございましたが、さらに嫌いが加わり、4Kと言われたと聞いたことがあります。土木を志す人の減少が課題だということですので、先生が離された新3K（給料、休日、希望）に、「嫌い」ではなく「興味津々」ということを加えていただき、魅力ある産業とするために、今後どのようなことが必要かということを教えていただきたい。また、最近の学生数の推移などを教えていただきたい」ということですが、建山先生いかがでしょうか。

○建山

「嫌い」を含めた4Kですか。私は知らなかったものですから、「嫌い」という視点で分析したことはないんですけれども、そのようなイメージを持たれているのであれば、もちろん何とかしていかないといけないですよね。「嫌い」ということを何とかしようと思うと、どうしたらいいですかね。

２つの方法があって、１つは、嫌いの原因を潰すことですよね。もう１つは、好きになってもらうところ、プラスのイメージを増やしていく。この２つのどちらかだと思います。まず、嫌いの原因を潰すほうから考えると、なぜ嫌いなのか、どこが嫌いなのかということは、情報を持っていないので何とも言えないですけれども、基本的には、やはり3Kではないかなと思います。3Kだから嫌いというのが多いのではないかなと思います。

今日はそれに関するデータを持っていないのでわからないのですが、土木あるいは建設系の学科にいながら土木の分野に進まない学生は意外といるんです。そのような学生の話を聞いていると、やはり悪いマイナスのイメージを持っている。彼らが一番言うことは、「休みがとれない」というのが多いですね。

それならどうしたら良いかということですけれども、時間がとれないということであれば、逆に、今日お話ししましたように、ICTなどを活用して作業を合理化していけば時間の余裕は出てきますが、その時間の余裕に次の仕事をどんどん入れてしまうと休みが取れなくなるので、計画の中で時間の余裕をうまく使って、職員の人がしっかり休日を取れる仕組みはつくっていけるんじゃないかなと思っています。

建設の仕事というのは、野外の仕事が多くて天候などに左右されるとはいえ、平日、雨が降ったら土日に仕事をせざるを得ないという話もあるのですけれども、ピンポイントで、ある程度の精度で天気予報が発達してきているのであれば、それらも利用しながら柔軟に施工計画を立てて、ウイークデーの使い方をしっかり整えていくやり方はあるのではないかなと思っています。

もう1つ「嫌い」の原因があるとしたら、坪香さんが先ほどおっしゃっていましたように、創造性、クリティブさが少なくなっているんじゃないかなと思っています。建築と土木というのは似通った建設系の分野ですけれども、学生の志望は圧倒的に建築のほうが高いです。大学の偏差値をとっても、建築志望の方が圧倒的に偏差値が高くて、人気があるんですね。土木はそれほどでもないのです。何が違うのかと考えると、やはり創造性とかクリエイティブな面が随分無くなってきているのかなと思っています。

私のお話でも少し触れさせていただきましたが、設計の体系化や基準の設定や施工のマニュアル化で、決められた方法で仕事をしていきましょうという効率化を推進したら、クリエイティブさがなかなか見えなくなりつつあるのではないかと思います。逆に言えば、坪香さんにご指摘いただいたように、仕事の中で創造性、クリエイティブがどんどん発揮されるような仕事の環境を作っていけば良いのではないかと思っています。

そのようにして、まず「嫌い」を潰していくというのが1つかな。

2つ目は、プラスのところをどんどん積極的にアピールすることが必要じゃないかと思っています。

最近、インフラの劣化というのがテレビやマスコミで随分取り上げられるようになってきました。昨夜もテレビで結構やっていましたよね。インフラの重要性というのは、結構市民に浸透してきたんじゃないかなと思っています。では、どうしたら良いのかというところがまだ出し切れていないと思うのですが、今日ご紹介したような、あるいはお二人からご紹介されたような先端的の技術を積極的に使いながら改善していっているんだということをわかってもらうような努力は必要かなと思っています。

そのためにどうしたらいいのか。1990年頃、土木が思い切りたたかれた時期に、NHKでテクノパワーという番組があって、その番組が結構良かったですね。建設分野も随分と進んだ先進的な技術がある分野なんだということをアピールするのにすごく有効なプログラムでした。あのようなものをぜひ何かやれるといいなと思っています。また、最近、私は土木学会の関西支部で役員をしている関係で、インフラツーリズムということをやっていまして、土木の現場、土木の構造物等を一般の人に見てもらうんですけれども、それを旅行会社とパックでやるんです。有料でやります。学会が無償でやると、人は来てくれるんですけれども、一般の人に広まらないんですね。リピーターとしてある固定枠にしか広がらないですけれども、お金をとって募集すると、一般の人が結構来てくださるんです。例えば関西国際空港とか明石海峡大橋の見学会は、5,000円かそれ以上のお金をとっても来てくださるんです。関西国際空港などは、電車で行けば数百円で行けるんですけれども来てくださるんですね。

何が違うのかというと、例えば地下に入ってビルをジャッキアップしているところを見るとか、ほかでは見られないプレミア感を感じて、お金を出しても来てくださるんですね。

ですから、新しい先端的な技術を使いながら、建設の分野はどんどん世の中を支えていますよということがわかる形でアピールしていくことは必要なんじゃないかなと。そういうところでプラスのイメージをつくって、嫌いにまさるところをつくっていく必要があるのかなと思います。

○コーディネーター

ありがとうございます。私も学生を教えていて感じるのは、だんだんと子供の数が少なくなっていくわけですが、それ以上に土木を志す学生が少なくなってきている。私の所属する学科も以前は130人の定員だったのですが、今は90人になっています。一方、依然として建築は人気があるので非常にうらやましいですが、このあたりは我々もいつも考えているところです。

○建山

もう1点よろしいですか。先日、すごくショックなことがありまして。絶滅危惧学科という概念があるらしいんですね。絶滅危惧学科の定義は、長年教育研究をやってきて、技術的にはある程度、成熟してきており、社会的にもすごくニーズがあって、その分野に従事する人も必要だけれども、大学の学科が先ほど先生がおっしゃったように徐々にシュリンク（縮小）して小さくなって、社会で必要とする技術者を輩出できなくなりつつある学科を絶滅危惧学科と言うらしいです。

そこをどうやって産業界、経済界と教育分野が一緒になって支えていくのかを議論しないといけないという話に最近なってきているそうです。社会ではそのように見られているんだと、びっくりしました。

○コーディネーター

ありがとうございました。関連しまして、新3Kの話でもありましたが、コストや給料について質問が来ていますので、これも建山先生にお答えいただきたいと思います。

「若者に魅力を感じさせるには、基本的には給料と仕事が見える形でなければならないと思う。そのためには、合理化を実際に見せる必要がある。現状では大手企業に偏っている感があるので、ご講演の中で紹介されていたように小牧の可児建設の試みなどをさらに高めたレベルで実行できる社会システムを推進することが必要であると思う。そのために具体的な方策はどのようなことが考えられるか」というご質問が来ております。

関連して、三浦さんにコストに関するご質問が来ています。

「新規ICT技術の開発をした開発者はどのくらいの期間でそのコストを回収できるのでしょうか。自動運転などではどのくらい利益が上がるのかということですね。実際にはコストがかかるので、それを回収するにはどのくらいなら現実的に安いと判断できるのか」というご質問が来ております。

建山先生、三浦先生の順番で回答をお願いしたいと思います。

○建山

きちんとした答えになっているかどうかわかりませんけれども、今日紹介させていただいた小牧の建設会社さんの事例は非常にいい事例で、実際にそれにかかわっている若い技術者の人たちは、今までと違うやり方で結構仕事にどんどん入ってこられると思います。

あれをつくられたのは会社の人だけではなくて、ベンダーさんとか関係の良いパートナーを見つけられたからですね。ですから、今回のi-Constructionで一番大事なことは、企業さんもそうだし発注者もそうですけれども、自分たちだけでできることってすごく限られているので、良いパートナーを見つけられて一緒に考えてものをつくっていくことがすごく大事ではないかなと思っています。

それは小さなところであれば企業の中だけの話ですし、あるいはプロジェクト全体で発注者とコンサルタントも建設会社さんも一緒に一番良いシステムを考えていくというコミュニケーションというか協調体制がすごく大事ではないかと思っているところです。

○コーディネーター

ありがとうございます。では、三浦さんお願いします。

○三浦

冒頭で、10年先20年先はどうあるべきかという話をさせていただいた言い訳ではないですけれども、現時点では、自動化作業の方がいくら安くなるとか何年で回収できるとかという算段は正直していません。もちろん、一人で何台を一緒に運転できれば、自動化改造の費用を賄えるのかという単純な計算はできますけども。例えば、講演の最後にご紹介した危険作業の話は、ある意味でコストと置きかえられないところがあります。危険作業であっても、負荷がかかってもやらなければいけない仕事に対して、自動化技術を適用して安全を確保することに関しては、異論はないと思います。一方、生産性に関して言うと、講演でも申し上げましたが、コスト低減のためにやっているというよりも、将来必ず人が減る、熟練者が減るわけです。その時にどうするか。当然そこにターゲットを当ててつつ、先ほどの3Kではないですけれども、きつい、危険な仕事を減らすのが目的なので、基本的には現状のコストと同等であれば良いと思っています。

もちろん、今みたいに何百人日もかけて、ああいう機械をすべて自分たちで開発し運用していたらペイしません。戦略というか考え方は、今回ご紹介したシステムを取っかかりにして、このような世界になるんだということを感じていただけることができれば、メーカさんも今はあまりこのような商品を出そうと思っておられないようなところもありますけれども、そういうものが当たり前に使われることになれば、機械も安く提供されるようになるでしょう。自動化といってもICT機器と一緒で、使いこなす技術ができてくれば、それが全体の生産性を生むということにつながると思っているので、今は、100万円だったらどうだとか500万円だったらどうかという目安は特に設けていません。

○コーディネーター

ありがとうございます。直接ご質問は来ていませんが、坪香さんにもぜひコストの話を少ししていただきたいと思いますが、そのあたりいかがでしょうか。

○坪香

コストのお話はちょっと難しいですが、先ほど若い人の志望が少ないというお話がありましたが、私が3次元のCADを触り始めたのは最近です。60歳を超えてからです。いまだに使っているんですけれども、それはなぜかというと、若い人たちは給料が高くて暇があればこの業界に入ってきてくれるかということです。皆さんは、この道を志された方々ですけれども、きっと何かクリエイティブな仕事をしたいからだと思います。クリエイティブという言葉を安易に使ってしまいましたが、きっと、ものづくりとかそういうものには少しは興味がある。今の現場でそういうことが実感として持つことができているか、ものすごく疑問な感じがします。

ちょっと言葉が悪いので誤解を承知で申し上げますと、例えば一日中エクセルの表しか見ていない技術屋がどれだけいるかということです。そういう感じがします。

JACICが、ある地方整備局の出張所にタブレット端末を数台お貸ししたんです。そうしたら、現場の若い係長さんや、出張所の方や、受託の人たちもタブレット端末を使い出すわけですね。そうすると何が起こるかというと、彼らは事務所に電子図書館をつくって、図面や基準を全部そこに入れるわけです。そして現場へタブレットを持っていくわけです。そして電子図書館にアクセスして必要な図面や基準書を見るんです。現場にそういうものを渡したら、そういうことを自分でやる。それがどんどんどんどん進んでいくと、図面だけではなくて、現場で写真を撮ったらそれをそのまま事務所へ送って、その評価をしてもらうということですね。これは若い人にとって、ものすごく大事なことだと思います。

若い人を指導する人が非常に少なくなっていますね。ところが、タブレット端末を現場へ持っていって、施工中のところで自分がちょっと不思議だと思ったところを写真に撮る。そしてリアルタイムで事務所へ送るわけです。要するに課長なり専門家の意見を聞くわけです。そういうことができるということです。しかも、ネットワークを使ったら日本中の知恵を集めることもできるわけです。これは極めて創造的でエキサイティングじゃないかなと私は思うんです。

３次元のオブジェクトを使い出して私も５年以上になるんですけれども、いまだに離れられないですね。それは潜在的にあった創造的なものを刺激してくれているように思います。やろうと思ったら、ディスプレーの中にダムを１つ、部材から全部つくってしまうことができるっていう状態です。

投資がものすごくかかることは事実です。大企業においても必要な人たちにこういうものを普及させようと思ったら投資が必要です。基本的に、ICT を導入してコスト減になるのはなかなか先です。ですから、コストについてはなかなか難しいです。だけど、現場が変わることは確かです。そして、ある時点ではやはりコストにはね返ってきて、しかも人が生きがいを持ってやってもらえる現場ができるのではないかと思います。

ソフトは高いですね、今は。ソフトの議論をするとまたややこしいですけれども、私が今日使ったのは機械関係のソフトです。パソコンに１台ずつにインストールして使うソフトですから、100 万円ですね。それから、多くの皆さんが使っておられるかもしれない CAD では全部、ワンパッケージで買うと 450 万円くらいするのがあります。一方で、ずっと安いのがあるんです。10 万円を切るものもあるわけです。目的に応じてそれを使えばいいのですが、一律 450 万円と言われたら、それはもう投資が大きいですよね。ですから、少しでもそういうものに触れてみて、これが使い勝手がいい、これは使い勝手が悪いということを評価できる若い人がどんどん出てきてほしいなと思うんです。

○コーディネーター

ありがとうございます。私もそれをお聞きして思い出しましたけれども、測量の非常勤講師の先生から、去年、測量の授業で教えていた本学の OB が、今、現場で頑張っているという話を聞きました。タブレットを使って、最新のソフトを入れて、ちゃっちゃっとやっちゃうと。先輩たちはそれができないので、彼に聞いているという話を聞き、そういう意味では、若い人というのは非常に柔軟ですので、また機械に日頃から触れている世代ですので、ぜひ頑張っていただいて、この建設産業を盛り上げていただきたい。それが新3Kの希望になるのではないかと思います。

そういったことで、別のテーマにいきたいと思います。

次は、少し技術的な質問がいくつか来ていますので、お聞きしたいと思います。お三方にそれぞれ来ていますので、お聞きします。

まず、建山先生には海外におけるi-Constructionの成功事例や参考になる事例を紹介していただきたいという質問で来ていますので、ご紹介いただければと思います。

○建山

海外でi-Constructionという考え方でトータルとしてやっているかっていうと、そうでもないところもあるので、何とも言えないのですけれども、情報化施工とか、坪香さんから後ほど補足していただいたらいいと思うんですけれども、BIMの取り組みはそれぞれ進んでいるところがあるのかなと思っています。

何となく私が思っていますのは、北欧ですね。フィンランドやスウェーデンに行くと、機械のほとんどに何らかの情報化施工のツールがついているんですね。例えばフィンランドというのは、日本と国土の面積はほぼ同じですけれども、人口は多分20分の1くらいしかいないんですね。もともと人があまりいないわけです。そんなところで社会を維持していこうと思うと、日本と同じように人をかけられないですね。ですから、日本だったら4～5人でやっているような仕事も向こうでは、オペレーターさん（機械の操作をする人）が1人で平気でやっています。そのためにICTをうまく使っておられます。

EUに統合されて労働者の人たちの交流が多くなって、ドイツなどでも、言葉の通じない、技量も定かでない人たちが作業をやって、結果、埋設管をひっかけたり、いろいろな事故も起こりつつある中で、ICTを導入しながらそういうものを避けていこうとしている。結局、目的がはっきりしていて、必要性がはっきりしているので、それに対してどう使っていくかというのが意外とクリアなものですから、どんどん進んでいっているのではないかなと感じているところです。

○コーディネーター

ありがとうございました。三浦さんには2つの質問が来ております。

1つは、「お話の中でGPSの精度が最高で20から50ミリメートルと言われていたと思いますが、RC構造などではミリ以下のオーダーの精度が必要なものがある。今のところ、そういうものには使えないのですか」というご質問が来ております。

2点目は、「建機の運転方法は、熟練オペレーターの軌跡により人間の実施したものをもとにして今は決められているということですが、AI、人工知能を使って決められないか。また、AIを使うようなご研究などがもう既に技術開発されているのでしょうか」というご質問ですが、この2点のご質問について、いかがでしょうか。

○三浦

GPSの話ですけれども、測る対象によりますが、基本的にはGPS衛星から来ている電波がそう変わっているわけではなくて、あれが例えば10年たったら1ミリになるかというと多分ならないですけれども、基本的には1秒に1回出てくる電波の位相情報を使っているんですね。

そうかといって今、1ミリの測量をGPSでやっているんです。どうやっているかというと、基本的には統計処理をしている。たくさん集めて処理をする。九州大学の清水先生がずっとおやりになっている、例えば法面監視というのはGPSのアンテナを並べておいて、それをリアルタイムでとっておきながら、トレンドを見て統計的に処理をして、0.5ミリ動いたとか2ミリ動いたとかやっていらっしゃいます。使い方によっては当然20ヘルツだとか5ヘルツだとかというGPSの1秒間に得られるデータが、そのまま精度が1ミリになるかというと、ちょっと難しいかなと思います。

多分、準天頂を日本が何台か上げると画期的によくなるというのは、基本的には、単独測位というカーナビなどの数メートル単位の誤差が、例えば1メートル以下になるとか数十センチになるとかという可能性はあるかもしれませんけれども、計測でミリを使うということに対してはそれほど画期的な変化にはならないかな、今の延長上かなと思います。

２つ目、人工知能の話ですけれども、我々の建設業では、実は30年くらい前に人工知能のブームがあって、ニューラルネットやファジィだとか、聞かれたことがあると思いますけれども、ああいうものを使ってやっていたことがあります。

今日ご紹介した例で言うと、モデル化はしていますけれども、常に同じ動きをしていたのでは、土砂山の位置とか造る構造物に対して自分の位置が変わってくると全然とんちんかんなものをつくってしまうので、基本的には、今でもある意味で言うと、ここにあってこういうものをこう動かすかなという、格好良く言うと動的計画法みたいなことをやっているんです。しかし、許容がある。許容というか、幅が、簡単に言うと50センチの間に置かないと造れないですね。

ところが、現場に行くと、オペレーターは１メートル外してもきちんと造ってくれる。それをディープラーニングなどの機械学習を使って、どこに置いても動作するという様なことは考えているんですけれども、実はディープラーニングで何が重要かというと、データを持っていなければいけないんですね。要するに、正解がなければいけないのです。さきほども言いましたように、３人のオペレーターにやらせると、違ったやり方で同じものを造るんですね。答えが１個ではないんです。だから、Ａの人もＢの人もＣの人も、やり方は違うけど結局造るものはきれいに造ってくれるんですね。そうすると、正解は何かっていう話になる。実は建設業はそういう正解をいっぱい持っているかというと、そんなに持っていないんですね。誰も施工で失敗していないというか、変なものを造っていないので、結果として最終的に正解ですけれども、１回１回のものが正解かどうかというデータまでは取っていない。

ですから、ビッグデータなどと言われていますけれども、そういうデータを取っていくということで、だんだん取り扱いもうまくなっていくんだろうと思いますけれども、観点としては、最適化問題とか人工知能問題という問題で取り扱っています。

○コーディネーター

ありがとうございます。

これからそういったものも活用される可能性があるということですね。

関連しまして、ビッグデータの話も今出てきましたが、坪香さんのお話の中で点群データのお話がありました。点群データはどうやって得られるのですかというご質問が来ております。いかがでしょうか。

○坪香

今、現場でも点群データが多数あると思うんですね。点群データをどういうふうにして取っているか、私も機械的なことを正確に知っているわけではないんですけれども、カメラが水平に360度回り、垂直方向に270度で回るような稼働するカメラを一定の速度で行うんです。そのときレーザー光を発して測定する。それによって点群を得るというのが普通のやり方だと思います。それを車載しまして、車に載せて道路を走って、両側の構造物を点群データで取るというような方法もあります。いずれにしてもレーザー光で取得するということです。

もう１つは、先ほど言いましたように、現状の形状を取るのに、今あまりにも点群データが中心となっている。他にもあることを見た方がいいんじゃないかということで、先ほどの写真によるものとか、デプスセンサーという赤外線を使うものですね。最近はもうちょっと進んで、可視光線を使うものがあります。そのようないろいろな方法があるんです。どれもこれも一長一短ですね。

いずれにしても、いろいろなことを試みて、新しいことがどんどん出てくるので、それをきちんと評価したいと思っているんです。

それから、点群データで現状の形状を取りますけれど、点群でもデプスセンサーでもどれでもそうですが、一番の問題は何かといいますと、精度の話は一応置いておいて、エッジ（へり、端）が立たないんです。エッジを立てることができないというのが最大の欠点です。

なぜかといいますと、製造業で点群データを使って製品の検査をし始めたのはほんの数年前くらいからです。もともと製造業は３次元のオブジェクトを先んじてつくるわけです。それを点群データで取得した製品を３次元形状データと重ねれば、検査ができるはずです。ところが、製造業で検査をするときにはエッジが必要です。そうすると、点群ですから必ず角は丸くなっています。エッジが立たないのです。そのため、エッジを決める方法を試行錯誤して、やっと７～８年くらい前に確立されて、現在検査に使われているということがあります。

そういうふうにして、いろいろなことで改良しないといけないことがたくさんありますし、新しい方法が必ずすぐに出てきますから、それらを考慮して一番安い方法でやって一番正確な方法を見つけていくというのは、まさに現場で使っていただいて、それを業者、測量会社さんに反映していただくというのが一番大きいと思います。

○コーディネーター

ありがとうございました。大変よくわかりました。

いただいたご質問については大体お答えいただきました。そろそろ時間も来ておりますので、これをもちましてディスカッションの時間を終わりにしたいと思います。

ご登壇いただいた３名の講師の方々、そしてご質問いただいた方に感謝しまして、最後に拍手で終わりたいと思います。ありがとうございました。（拍手）

第8章

第11回PIセミナー

ディスカッション2

本章では、第11回PIセミナーにおいて、講演の後に行われたディスカッションのやり取りを掲載します。ディスカッションでは、セミナー当日の会場の参加者の方々からいただいたご質問に対し、講演者が回答する形式で行われています。

図8.1　第11回PIセミナーのディスカッションの様子

■**登壇者**（所属は 2017 年 11 月時点）

矢吹　信喜　氏（大阪大学大学院工学研究科　教授）

城澤　道正　氏近畿地方整備局営繕部 設備技術対策官

杉浦　伸哉　氏（株式会社大林組土木本部本部長室情報技術推進課長）

■**コーディネーター**

鈴木　温（名城大学　理工学部　教授）

○コーディネーター

会場の皆様からいただいた質問に対して、先生方にお答えいただきたいと思います。

はじめに、城澤さんへのご質問ですが、最終図面等の成果品の納入が CIM によって簡素化されるのでしょうか。

○城澤

現状、業務・工事で CIM を導入した場合、従来の２次元図面等に加えて CIM モデルも納品してもらっています。その点だけをみれば、成果物納品の簡素化が図られているとは言えないのが実態です。しかしながら、先ほどから CIM モデルの特徴として説明しているとおり、CIM モデルという箱の中には色々な情報を備えることができます。このため、今後は、施工過程で作成される様々なデータを CIM モデルにリンク付けして保管し、情報の統一化・一元化を図りながら施工を進めていただくことにより、書類整理などに関して効率化が図られると考えています。また成果物の納品の際には、必要な各データが含まれた CIM モデルを提出していただくことで完了する形を取ることができれば、簡素化というか合理化が図られると考えております。

○コーディネーター

簡素化の観点から、お二人から何かございますか。

○杉浦

私は日建連（一般社団法人 日本建設業連合会）の活動もさせていただいています。

ひところは、二重納品という言葉がはやりましたけれども、今は国土交通省でも日建連でも、無駄を省くという観点で二重納品を極力なくしていきましょうという動きになっています。

この流れで、3次元というのも今後どのような形で納品していくのが一番効率的なのかという観点でお話をさせていただける環境が徐々に整ってきておりますので、決して簡素化されることが最終目的はなくて、効率よく仕事をしていきながらその成果として、たまっていったデータが工事完成図書の一部になるという流れを国交省とつくれれば、それが全体最適化という意味では非常に効果があるのではないかなと思います。

なので、3次元だから楽になる、2次元だから大変だという考えではなくて、今言ったような仕事の流れ、すなわち、ツールですとか情報が全体的にうまく当てはまっていくという仕事のやり方に変えていかなければならないのではないかなと思っています。

○コーディネーター

ありがとうございます。矢吹先生、これについて何かございますか。よろしいですか。　それでは、2つ目のご質問です。こちらは城澤さんと矢吹先生、お二人への質問ですが、「CIMの規格整備がガラパゴス化に向かう恐れはありませんか」というご質問です。あと、「BIM（Building Information Modeling）やGIS（Geographical Information System）との整合はどう考慮されますか」というご質問です。特に前半については、城澤さん、お願いします。

○城澤

現状、業務と工事でCIMを導入した場合、受注者よりCIMモデル作成等にかかる見積書を提出していただき、精算払いという形で支払いをしております。今後、発注者の責務として、標準的な歩掛を作成する必要があると考えており、今年度からCIMを導入した業務・工事において歩掛調査を実施しています。

歩掛調査では、単にCIMモデルの作成にかかった人工を調査するだけではなく、例えばCIMモデルの数量算出への活用、施工ステップモデルの作成・施工検討等などCIMモデル利活用時にかかる人工も調べて、標準的な歩掛を作成していきたいと考えています。

ただ、標準的な歩掛を作成するためには、一定程度の実績が必要になりますので、今年度の調査のみで、直ちに標準的な歩掛の整備が達成できるとは考えていません。このため歩掛調査と並行し、当面は見積書を活用した精算払いという形をとらせていただくことになろうかと思いますが、最終的には標準的な歩掛を整備していきたいと考えています。

○コーディネーター

ありがとうございます。では、矢吹先生、お願いします。

○矢吹

まず、データの標準に関しましては、bSI（building SMART International）の中のInfrastructure Roomで作っているIFC-RoadですとかIFC-RailとかIFC-Bridge、IFC-Harbor等々といったものが大体完成するのが、2020年ないしは21年が目標になっております。ですので、それまでの間は、bridgeとかroadに関しては、標準というのは今のところはないわけです。

今、国土交通省に出すデータは全くベンダーに依存した形の3Dモデルしか出せないのかというと、そうではないです。実は、建築のモデルとしてはIFCが2013年にISO化されております。その中に、梁とか柱とかドアとか窓とかそういうオブジェクトの標準というのは既にあります。

あと、属性データを与えることもできるようになっています。しかも、その属性データは、オブジェクトから切り離してリンクするという形で定義することができるようになっています。

そこで、既にほとんどの建築系のソフト、土木のソフトも大概のソフトがIFCのデータモデルとして幾何学情報と属性情報を出すこと、exportすることができるようになっています。ないしはimportすることもできるようになっています。

ですので、現状の国土交通省に納品するときには、オリジナルの場合、つまり、オートデスクやベントレーなどのCAD会社のオリジナルファイルとIFCのファイルを両方出しましょうということで、将来的にcompatibility（互換性）を確保しようということを試行の中でも既に行っています。2020年ないしは21年ぐらいにIFC-RoadとかIFC-RailとかIFC-Bridgeとかが完成した暁には、もうそのデータのフォーマットに基づいた形としようとなっています。

それから、GISやBIMとの関係ですけれども、当然BIMをずっとやってきている団体の中でやっていますので、BIMとの間の整合性というのは全く問題ありません。

一方 GIS は、Open Geospatial Consortium(OGC) という国際標準をつくっている団体がありまして、そこと協調関係を保っておりますので、そこと一緒になって IFC-Road とか IFC-Rail を作っています。

ちょっと言い忘れたんですけれども、地表のデータに関しましては、実は IFC はあまりうまくカバーしておりません。一方、LandXML というディファクトスタンダードがありまして、日本の国土交通省と国総研が既に LandXML1.2 に基づく道路線形のモデルデータの交換標準案をもう既につくっておりまして、ほとんどのソフトウエアはこれに基づいたデータのやりとりができるようになっておりますので、現状の IFC と国総研がつくった LandXML1.2 に基づく交換標準案に基づいてデータのやりとりをしていくということで、当面は compatibility（互換性）を保っていこうという形です。

○コーディネーター

ありがとうございます。関連してといいますか、矢吹先生に非常に専門的な質問も来ていまして。詳細度 100 から 500 は何に対応していますかということですが、これについてご説明お願いします。

○矢吹

先ほどスライドに実は書いてあった。字が小さくて、恐らく時間も短かったのでごらんになれなかったと思うんですけれども。

実は、詳細度 100 というのは、対象構造物の位置を示すモデル。橋梁ですと橋梁の位置がわかる程度の矩形形状もしくは線状モデルになっています。

200 は、構造形式が確認できる程度の形状を有したモデルということで、一般的なスパン比等で、橋梁であれば主桁形状などを示す。

300 になると、主構造の形状が正確なモデルとなっていまして、主構造、パラメータとか床版、主桁、横桁、横構、対傾構、そういったものがきちんとある程度モデル化されている。

400 になるとさらに接続、ボルトとか溶接部とか、鉄筋コンクリートであれば配筋１本１本の鉄筋を全部モデル化するといったような、非常に細かいモデル。

500 って一体何なのかというと、500 は As-is model モデルと言っていまして、

400までは設計のモデル、500は実際にでき上がった形状。寸法というのは当然誤差がありますので、設計とは違いますから、矩形といったって本当の矩形ではなく、ちょっとひしゃげた形になったりもしているわけですね。そういうのもきちんと計測して、そのデータに基づいて作ってこうなりました（As-is model）、というのを示すという形です。

○コーディネーター

ありがとうございます。今、お話しいただいた内容については、矢吹先生の資料の19ページ目にございますので、機構のホームページからダウンロードしてご覧いただければと思います。

続いてのご質問はもう少し大きい話で、矢吹先生に来ているんですが、杉浦さんにもぜひ答えていただきたい内容でございますので、お願いしたいと思います。

調査、設計、施工、維持管理までの総合的なシステムを早急に構築する必要があると思いますということで、具体的にはどのように進めていくべきかお考えをお聞かせくださいということですので、杉浦さん、これについてお考えをお願いします。

○杉浦

済みません。今日、私は、施工会社の立ち位置で説明させていただいたものですから、今のご質問の、例えば調査、計画、設計、施工、点検、維持管理みたいなところのシステムというのは、我々施工会社としても必要だと思っているんですけれども、どういう形で誰がどんなふうに作っていくのかというのは、多分我々施工会社もしくは日建連という団体よりも上流の、国土交通省さん含め発注の方々が考える部分が多いかなと思います。

１つの情報として、先ほど城澤補佐のご発表や、矢吹先生のご発表の中にもありましたけれども、i-Construction推進コンソーシアムというのがあります。ご存じでしょうか、i-Construction推進コンソーシアム。

実は、こちらにワーキングが３つあります。このうちのワーキングの２つ目、３次元データ流通利活用ワーキングというのが立ち上がっています。今年３月に第１回目の会議がありまして、今後３次元データをどういう形で流通、利活用していくのかということの検討がi-Construction推進コンソーシアムのワーキング2で検討されています。

このワーキング2でのアウトプットが、今、ご質問いただいた調査、計画、設計、施工、点検とか維持管理みたいなもののデータプラットフォームをどう考えていくかということの回答として多分出てくるんじゃないかなと思っております。

というくらいで私はよろしいですかね。

○コーディネーター

ありがとうございます。矢吹先生、お願いします。

○矢吹

実は、それに対する正解というのはまだありません。

イギリスはかなり前から、BIMを推進していて、統合化されたデータをどのような環境で共有していこうかということをやってきているわけですね。

その中で、BS1192というものをつくって、それをPAS1192にして、将来的にはISO1192にしようとしているんですけれども、その文章を見ると、ほとんどが精神的なことが多いんですね。つまり、データはみんなで一生懸命作らなければいけないとか、正しいデータを蓄えなければいけないとかいうことで、かなり解釈が多岐にわたる。解釈が非常にオープンであるような書き方がされております。

実は、先月の初旬にイギリスに行って、PAS1192についてどういうふうに取り組んだのかということを聞いてきたわけですけれども、実務者に聞くと、あれは確かに精神条項的なことが多いのでこれからはもっと細かい手続をきちんと決めていこうとしているんだというお答えでありました。

今度は日本の話になりますけれども、まだ当然クラウドでデータを共有するなんてことは国交省では試行の中でやってはおりません。

しかし、将来的にはやっていく必要があるわけですけれども、そのときに、やはり国のデータでありますので、クラウドというのはデータがどこに行っちゃうかわからないわけです。ひょっとしたら旧ソ連に行っているかもしれないし、中国にあるかもしれない。どこにいるかわからないですから、そこら辺のセキュリティというのをきちんと担保した上でやっていく必要があるだろうということはずっと議論している最中です。

実は、先ほどスライドをお見せしたんですけれども、フィンランドのInfraKITというのが、そういったプラットフォームの１つになり得るということで、Finnish Transport Agency（FTA・フィンランド道路局）がこのInfraKITを使おうとして、一部使い始めています。このInfraKITはAmazonのクラウドを使っています。計画から始まって、デザイン（設計）、コンストラクション（施工）、メンテナンス（維持管理）のデータをクラウドの中に入れていくんです。ステークホルダーたちが自由にということはないですけれども、誰がどのデータにアクセスできるということを設定することができます。その設定に基づいてデータをダウンロードしたりあるいはアップデートしたりする。そのトラックレコードというのは全部残るというプラットフォームが既にあって、ベンチャー会社がフィンランドではやっている。これは１つのソリューションになり得るのかな。

これを日本にそのまま持ってくるというのが難しいのは、日本は、先ほど言いましたようにセキュリティが非常に厳しいので、Amazonのクラウドじゃだめだよとなります。

○コーディネーター

矢吹先生、ありがとうございます。

それでは、建設業全般に関連してまとめてご質問したいと思います。CIMの適用によって建設産業従業者の賃金は上がりますかというストレートなご質問をいただいています。特に、国は歩掛かりを上げることを考えていますかということも来ていますが、これについていかがでしょう。城澤さん。

○城澤

国土交通省では、新規職員の採用に向けて業務説明会や採用面接を行っています。昨年度からICT土工やCIMモデルの動画といったi-Construction関連資料を用いて説明を行っています。説明会、面接にいらっしゃる学生等も大学等で一定程度の知識・知見をお持ちかと思いますが、具体の３次元データによる効率化の取組みのお話をすると、目を輝かせて話に耳を傾けていただけています。また、測量業団体の全国測量設計業協会連合会でも、昨年度頃からUAVなど３次元データの動画を使って採用活動をされている企業もあり、そちらでも好評を博していると伺っています。

建設現場における3次元データによる効率化の取組みは、建設産業全体の向上にも間接的に寄与するのではないかと考えています。

ただ、我々として気をつけていかなければならないのは、3次元データを使用すること自体が目的化しないように、3次元データの利活用によって生産性を上げていくことが目的であるということを忘れないようにしながら取り組んでいきたいと考えています。

○コーディネーター

ありがとうございます。杉浦さんはなかなかお答えしにくいと思いますが、何かございましたら、お願いします。

○杉浦

とても答えにくいです。

城澤補佐おっしゃったように、国土交通省は必ず歩掛かりを調査されます。

私はいつも思うのですけれども、歩掛かり調査できるぐらいのことをやっていなかったら、多分出せないです。

例えば、先ほど城澤補佐や矢吹先生の資料にもありましたよね。施工のフェーズは、発注者指定型、希望型でまだ200件です。工事で200件ぐらいしかやっていないです、今は。この状態で標準歩掛かりと言われても、やり方は千差万別過ぎて、多分難しいと思います。

なので、賃金が上がるか上がらないかというのは、最終的な目標としては良いと思うんですが、まずは、このツールを使って本当に楽になるのか、どこが楽になるのかということを皆さんが体感していただいて、その中でさまざまな工夫が生まれてくることによって、全体の設計の時間、施工の時間が短くなって、最終的にこれが賃金に反映されることになると思います。現状では国土交通省を含めて、働き方改革ですとかそういったところにフォーカスを当てて、ツールを使っていたら必ずものが安くできるから公共工事は安くできるんだという短絡的な議論ではなくて、業界全体がきちんと仕事ができるベースを作るというところにまずはフォーカスを置かれていますので、そちらに我々は注力していきたいと思っています。そういった意味でのツールの使い方というのは非常に重要で、まずそこを使ってみて経験するというところから始めるべきではないかなと思うのです。それが最近の働き方改革というところに結びついてくるのではないでしょうか。

○コーディネーター

ありがとうございます。矢吹先生、いかがでしょうか。

○矢吹

私は賃金ということではなくて。アメリカやイギリスの企業の人たちといろいろ話をしていますと、やはり彼らも、若い人たちがなかなか自分たちの会社に来てくれないと言っているわけです。例えば、説明会のときに2次元の図面を見せて我々はこういうものを作っているんだと高らかに言っても、みんな来てくれないと言うんです。パソコンで3次元モデルを見せながら4次元CADとかアニメーションとかそういうのを見せると、これはおもしろそうだと来てくれる。

よくよく考えれば、プラニメーターをぐるぐる回してうれしい人って誰もいないと思うんですよね。私も若いときにやりましたけれども、あんな単純な作業を。今の若い人たちに面積を求めるのに縦横計算で数量を求めろなんて言ったら、みんな辞めちゃうはずです。

今の時代にマッチした新しい技術というのをきちんと使わないと若い人は来ない。給料以前の問題として、担い手が来ませんよということを一言言っておきたいと思います。

○コーディネーター

ありがとうございました。ちょうどいい振りをしていただきまして、もう1つだけ実は質問がありまして。

「土木と3Dとの相性は非常によいと思いますが、コンピュータ技術との融合で他産業と比較して、建設産業の社会的なステータスは、上がるかという質問をいただいています。

非常に難しい質問だと思いますが、矢吹先生にも少しお話しいただいたように、やはり建設産業は、賃金もそうですが、私も大学におりますが学生にとっての魅力が低いと言わざるを得ないと感じています。一方で、建築は非常に受験生も多い。両者の違いが大きいとは思えないのですが、受験生から見ると何か違うみたいで。

我々の建設の人気が何でこんなにないのかなといつも思うのですが、CIMとか3D技術、あるいはAIといった情報通信技術が我々の産業にとってどういった良い効果があるのか。技術的というよりも社会的なインパクト、学生からの評価とかそういうものを含めてどういった期待があるのか、そういったことについて、最後、お一人ずつお聞きしたいと思います。難しい質問ですが、城澤さんいかがですか。

○城澤

難しいですね。国土交通省でも当然官庁訪問という形で職員採用の面接をやっています。昨年度からi-Constructionの関係で、ICT土工の資料やCIMモデルの具体的な使い方の動画などを使って説明しております。そこの部分は、採用に来られている方々も大学で一定の知見は得られていると思いますが、具体的に現場でこういうことをやっているんだというお話をすると、目を輝かせて、時代も変わったんだなというような感じでお話を真摯に聞いていただいているところでございます。

また、測量業団体の全測連という団体がございます。そちらでも、昨年度ぐらいからは、協会会員の中ではi-Constructionの動画を使って採用のリクルート活動をされているという話を聞いています。

やはりそちらでもそういった話を説明しているときとしていないときで食いつき具合は全然違うということで、ある程度3次元の技術というのが建設現場でも使われているんだということを再認識していただくことは、建設産業全体の地位向上にも間接的には寄与しているんじゃないかなと思っております。

ただ、いずれにしても、3次元を入れることが目的ではないので、それによって生産性を上げていくことが目的であるということを忘れないようにしながら取り組んでいきたいと思っています。

○コーディネーター

ありがとうございます。では、杉浦さん、お願いします。

○杉浦

私は、大学のリクルーターもしているんですけれども、学生に建設業界を説明するときは、建設会社は土木の現場で、建築とは違って、３次元を使ったロボティクスの仕事をしていると説明するようにしています。

最近は、本日お見せしました車をつかって点群を取得するもの、あるいはUAVをつかって写真だけから点群を作成し、現場の状況をいち早く確認できるツールがでてきました。今まで我々土木は地面の下でばかり学生に話をしたりしていましたけれども、最近では、上空に飛ばすもので地表面のデータを作成することが可能になってきました。位置測位を取得するために、GNSSデータを活用するようになったのです。土木がですよ。土木に全く関係が薄かった宇宙に関する情報を我々土木技術者は理解して仕事につかわなければならないのです。そういう時代が土木のこの業界でもやってきていますという説明をすると、目を輝かせて驚きます。

一番びっくりするのは、機械系の学生が結構来るんです。ロボティクスとか衛星技術ですとか、位置情報をとるためのツールとしては衛星情報もありますけれども、飛行機に積んでいるIMUという装置も使わないと正確な位置情報を出せないんです。こういったツールを我々建設会社が作るわけではないですけれども、うまく使って仕事に当てはめていくにはどうしたらいいだろうかということを考えるというのがゼネコン職員の仕事なので、土とかコンクリートとか地盤ですとか、基礎的な技術は当然必要ですけれども、それに加えてさらに測位情報など、航空宇宙の関係の知識などが必要になってきました。。

もともと土木はCivil Engineeringと言いまして自然相手なので、学問的には全ての要素を兼ね備えていないとマネジメントできないということもありますので、私は土木技術者としてのステータスは海外でいうとフランスのように上がると思います。フランスはものすごく高いです。

○コーディネーター

ありがとうございます。矢吹先生、お願いします。

○矢吹

まず、日本の土木と建築の区別の仕方と日本以外の国のCivil Engineering（土木工学）とArchitecture（建築）の区別の仕方というのは全然違います。恐らく大勢の方々はご存じないと思いますけれども、日本の分け方というのは、土木はInfrastructureだけです。建築はBuilding、家屋とかそういうものが対象になる。要するに、対象物で分けているんです。

一方、例えば構造とか土質とか材料というのは、土木も建築も同じようなものを使っているわけです。力学が建築と土木で違うはずがないわけですけれども、用語も日本では違っています。

日本以外の海外ではどうなっているかといいますと、Civil Engineeringというのは、建物Infrastructure、両方を対象としていて、ただし、いわゆる意匠設計というのは含まれていません。計画的なこと、意匠的なことはArchitectureになります。ですから、橋梁だとかビルだとか道路なんかの意匠設計はArchitectが大体行います。一方、それ以外のことはやらない。例えば構造とか土質、材料、建設マネジメント、そういったものは全てCivil Engineeringで行っています。

ですから、Civil EngineeringのDepartment（学科）というのは、欧米の大学ではものすごく人数が多いですし、大体どこの大学にもあります。一方、Department of A rchitectureがある大学は非常に少ないです。なぜなら、そんなにいっぱいつくっちゃったらば、意匠設計者というのは需要がそんなにありませんので就職口が無くなってしまいます。そういう形になっているんです。

以前は、台湾と韓国は日本のやり方とほぼ同じだったんですけれども、1990年代ぐらいからどんどん欧米化していっています。彼らはアメリカとかイギリスでPh.Dで取った人が戻ってきて教授になったりしている。そういうふうに変わっていったわけです。そういう違いがあるというのがまず１つあります。そういった中で社会的ステータスですけれども、日本は違うということがまず１つですね。

将来的に変えていくのかどうなのかというところは、恐らくあるところまでいくと決断しないといけなくなる。つまり、日本はガラパゴスになっていますから、これは変わる必要があるかどうかというのは、今すぐではないですけれども、恐らく10年20年先には議論が必要になってくるだろうなと思います。

ステータスに関しては、高校生たちが間違った認識をマスコミとか何かに植えつけられているというのがあります。どういう間違った認識かというと、建築は設計をして土木は造るだけという非常に間違った認識を持っているんですね。土木の人というのはヘルメットをかぶって長靴を履いて穴を掘ったり、コンクリートを打設するのが仕事だと思い込んでいる学生が非常に多いです。そういうイメージを修正していく必要があると思います。

あともう1つは、マスコミの土木というか公共事業に対する敵対心といいますか、そういうのが非常に強くて、そこをやはり何とかしてうまい関係を構築していく必要があるだろうなと思います。そのための1つの方策として手っ取り早いのは、宣伝をいっぱいするということです。要するに、マスコミというのは広告事業で食っているわけですから、広告費をたくさん電通とか博報堂とかにどんどん出して、それが新聞とか雑誌とかテレビとかに沢山出てくれば、恐らく敵対的な態度というのは大分収まるのではないかと思いますけれども、これはちょっと蛇足であります。失礼しました。

○コーディネーター

ありがとうございました。これから若い技術者に土木の分野に来てもらうというのは非常に大きな課題です。今日のお話で、大分魅力的に土木は変わっていくんじゃないかと、希望の光が見えたかなというところでございます。

お時間が超過してしまして、誠に申しわけございませんが、いただいたご質問については大体お答えいただいたというところで、ご登壇いただいた3名の先生方、そしてご質問いただいた方々に感謝しまして、拍手をもってこのディスカッションを終了とさせていただきたいと思います。ありがとうございました。（拍手）

第10回ＰＩセミナー「情報通信技術が変える建設産業の将来」

講演会の趣旨

現在、我が国の人口はすでに減少に転じており、2050年までに1億人を割ると見込まれている。また、高齢化が進み、生産年齢人口の減少によって、労働者の確保や生産性の低下が懸念されている。一方、発展が目覚しい情報通信技術（ICT）の活用によって、労働者の減少を補い、生産性の向上につなげようという動きが様々な産業界で進められている。本セミナーでは、建設業や防災等の分野において、現在、ICTがどのように活用され、どのような課題があるのか、さらには、今後、ICTの進歩が将来の建設業や社会をどのように変えていくのかについて、講演、ディスカッションを行う。

主催：一般社団法人 社会基盤技術評価支援機構・中部

後援：国土交通省中部地方整備局、愛知県、名古屋市、土木学会中部支部、日本建設業連合会中部支部、建設コンサルタンツ協会中部支部

開催日時：平成28年12月16日（金）13:00～17:00

開催場所：愛知芸術文化センター１２階アートスペースA

<プログラム>

13 : 00～13 : 05　開会の挨拶　松井　寛（社会基盤技術評価支援機構・中部代表理事）

13 : 05～14 : 05　講演①　建山和由　氏（立命館大学 理工学部 教授、学校法人　立命館常任理事）
「建設技術の新たなステージ　i-Construction」

14 : 05～14 : 10　休憩

14 : 10～15 : 10　講演②　三浦　悟　氏（鹿島建設株式会社技術研究所プリンシパル・リサーチャー）
「ICTを活用した次世代施工システムの開発」

15 : 10～15 : 15　休憩

15 : 15～16 : 15　講演③　坪香　伸　氏（一般財団法人　日本建設情報セ

ンター理事）

「CIMと建設生産システムのダイナミックス」

16 : 15 ～ 16 : 25　休憩

16 : 25 ～ 16 : 55　ディスカッション

16 : 55 ～ 17 : 00　閉会の挨拶　田辺忠顕（社会基盤技術評価支援機構・中部専務理事）

第11回ＰＩセミナー「情報通信技術が変える建設産業の将来その２」

講演会の趣旨

情報通信技術（ICT）の活用によって、労働者の減少を補い、建設分野における生産性の向上を目指す「i-Construction」が進められている。昨年の第10回PIセミナーでは、「情報通信技術が変える建設産業の将来」と題して、i-Constructionの現状、ICTを活用した次世代施工システム、建設生産システムにおけるCIMの活用等に関する講演やディスカッションを行った。今回の第11回PIセミナーでは、昨年度に続き、「i-Construction」に着目し、ガイドライン・技術基準等の最新の整備状況、UAV（ドローン）を用いた測量や施設の点検・維持管理、3次元位置データ取得・モデリング等の新技術の開発や活用状況、新技術の普及に向けた課題、今後の展望等について、3名の専門家による講演を行った後、参加者からの質問をもとにしたディスカッションを行う。

主催：**一般社団法人 社会基盤技術評価支援機構・中部**

共催：一般社団法人　中部地域づくり協会、一般社団法人　パブリックサービス

後援：国土交通省中部地方整備局、愛知県、名古屋市、土木学会中部支部、日本建設業連合会中部支部、建設コンサルタンツ協会中部支部

開催日時：平成29年11月10日（金）13:00 ～ 17:00

開催場所：愛知芸術文化センター１２階アートスペースＡ

〈プログラム〉

13 : 00 ～ 13 : 05　開会の挨拶　松井　寛（社会基盤技術評価支援機構・中部代表理事）

13 : 05 ～ 14 : 05　講演①　城澤道正　氏（国土交通省大臣官房技術調査課

課長補佐）

「i-Construction・CIMの取組み」

14:05～14:10　休憩

14:10～15:10　講演②　杉浦伸哉　氏（大林組　情報技術推進課長）

「ドローン等の新しいツールを活用した最先端ICT施工と点検技術」

15:10～15:15　休憩

15:15～16:15　講演③　矢吹 信喜　氏（大阪大学大学院工学研究科 環境・エネルギー工学専攻 教授）

「国内外のCIM利活用の現状,事例および今後について」

16:15～16:25　休憩

16:25～16:55　ディスカッション

16:55～17:00　閉会の挨拶　田辺忠顕（社会基盤技術評価支援機構・中部　専務理事）

第10回、第11回PIセミナー事務局メンバー

松井　　寛　（社会基盤技術評価支援機構・中部　代表理事、名古屋工業大学名誉教授）

田辺　忠顕　（社会基盤技術評価支援機構・中部　専務理事、名古屋大学名誉教授）

梅原　秀哲　（名古屋工業大学名誉教授）

小池　狭千朗　（愛知工業大学名誉教授）

中嶋　清実（豊田工業高等専門学校名誉教授）

中村　　光（名古屋大学　教授）

鈴木　　温（名城大学　教授）

山本　佳士（名古屋大学　准教授）

三浦　泰人（名古屋大学　助教）

千葉　秀樹（社会基盤技術評価支援機構・中部）

【著者略歴一覧】

建山 和由（たてやま かずよし）

（立命館大学 理工学部 教授、学校法人立命館常任理事）

【略歴】

1980年　京都大学 工学部 土木工学科 卒業

1985年　京都大学 大学院 博士後期課程 研究認定退学

1985年　京都大学 工学部 助手

1988年　工学博士（京都大学）

1990年　京都大学 工学部 講師

1996年　京都大学 工学研究科 助教授

2004年　立命館大学 理工学部 教授

2013年　学校法人立命館　常務理事　現在に至る

【主な著書】

『最新建設施工学』（共著）　朝倉書店　1994年

『転圧ローラ工学』（共著）テラメカニックス研究会　1999年

『土の試験実習書　－基本と手引き－』（共著）　地盤工学会 2000年

『建設工事における環境保全技術』（共著）　地盤工学会　2009年

『土の締固め』（共著）　地盤工学会　2012年

城澤 道正（しろさわ みちまさ）

（国土交通省大臣官房技術調査課 課長補佐（講演会時点））

【略歴】

2006年3月 名古屋大学大学院工学研究科 修了

2006年4月 国土交通省九州地方整備局営繕部 入省

2012年7月 東北地方整備局営繕部計画課 営繕技術専門官

2014年4月 大臣官房官庁営繕部整備課 営繕技術専門官

2016年4月 大臣官房技術調査課 課長補佐

2018 年 4 月 九州地方整備局営繕部 設備技術対策官

2019 年 4 月 近畿地方整備局営繕部 設備技術対策官

矢吹　信喜（やぶき のぶよし）

（大阪大学 大学院工学研究科 環境・エネルギー工学専攻 教授）

【略歴】

1982 年 東京大学工学部土木工学科卒業

1982 年 電源開発株式会社入社

1989 年 スタンフォード大学土木工学専攻修士課程修了（M.S.）

1992 年 スタンフォード大学土木工学専攻博士課程修了（Ph.D.）

1999 年 電源開発株式会社退社

1999 年 室蘭工業大学工学部助教授

2008 年 大阪大学大学院工学研究科教授 現在に至る

三浦　　悟 (みうら さとる)

（鹿島建設株式会社技術研究所 プリンシパル・リサーチャー）

技術士 (電気・電子)、博士 (工学)

【略歴】

1979 年　鹿島建設株式会社 入社

2002 年　 同社 技術研究所先端技術研究部 グループ長

2005 年　 同社 技術研究所先端・メカトロニクスグループ グループ長

2012 年　 同社 技術研究所 主席研究員

2014 年　 同社 技術研究所 プリンシパル・リサーチャー

現在に至る

施工管理計測技術、構造物点検・モニタリング技術、無人化施工・情報化施工・自動化施工技術の研究開発に従事

【主な著書】

『工業情報学の基礎』矢吹信喜・蒔苗耕司・三浦憲二郎，理工図書 2011

『CIM 入門』矢吹信喜，理工図書 2016

杉浦　伸哉（すぎうら しんや）

（大林組 土木本部長室 情報技術推進課長）

【略歴】

1992 年 北見工業大学卒業

1992 年 建設会社入社

造成現場等にける工事において ICT 導入を活用し現場でのノウハウを取得

2006 年 本社 土木本部長室にて土木事業全般の ICT 担当

2012 年 CIM や情報化施工全体の実施責任者として土木分野における現場展開を開始

2017 年 Autodesk 社が実施する世界の建設会社における生産性向上への取組みについて世界第 3 位を獲得

2018 年 土木部門における技術部（生産技術企画部）に先端技術企画部を創設し、土木工事における ICT・ロボット等を活用した生産性向上への取 組みを推進

2019 年 グループ経営戦略室経営基盤イノベーション推進部に異動し、土建の区分けなくイノベーション推進による現場生産性と建設事業全体でのイノベーションを推進

現在に至る

【主な業界活動】

・日本建設業連合会

土木工事技術委員会土木情報技術部会幹事

インフラ再生委員会技術部会幹事

i-Con 推進コンソ TF　リーダ

・土木学会

建設３次元情報利用研究小委員会 i-Con 推進 SWG リーダ

・CIM 導入推進委員会

全体統括幹事

・社会基盤標準化委員会

特別委員会・CIM3D 部品（作成仕様）に関する標準化検討小委員長

・国土交通省

BIM/CIM 推進委員会　幹事

坪香　　伸（つぼか　しん）

一般財団法人　日本建設情報総合センター理事

「経歴」

1976 年　京都大学　大学院（土木）修士課程　修了

1976 年　建設省　入省

1997 年　建設省近畿地方建設局淀川工事事務所長

1999 年　建設省近畿地方建設局河川部長

2004 年　国土交通省河川局河川環境課長

2005 年　環境省環境管理局水環境部長

2005 年　環境省大臣官房審議官（兼）水・大気環境局水環境担当審議官

2006 年　国土交通省東北地方整備局局長

2007 年　国土交通省国土技術政策総合研究所長

2008 年　国土交通省退官

現在　財団法人　日本建設情報総合センター理事を経て、同顧問、建設情報研究所長

鈴木　　温（すずき あつし）

名城大学　理工学部　教授

【略歴】

1997 年　東北大学工学部土木工学科卒業

2002年　東北大学大学院工学研究科土木工学専攻博士課程後期修了、博士(工学)
2002年　国土交通省国土技術政策総合研究所　研究官
2005年　財団法人計量計画研究所　研究員
2007年　名城大学理工学部建設システム工学科　助教
2009年　名城大学理工学部建設システム工学科　准教授
2012年　カルガリー大学（カナダ）　在外研究員（1年間）
2017年　名城大学理工学部社会基盤デザイン工学科　教授、現在に至る

【専門分野】

土木計画学、都市計画、建設マネジメント

【主な社会活動】

一般社団法人社会基盤技術評価支援機構・中部　社員（2013年～現在）
国立研究開発法人建築研究所　客員研究員（2017年～現在）
Board of Directors of CUPUM (Computers in Urban Planning and Urban Management)（2018年～現在）

i-Construction最前線 —情報通信技術が変える建設産業の将来—

2019年6月21日　初版第1刷発行

著　者　(一般社団法人)
社会基盤技術評価
支援機構・中部編

検印省略

発行者　柴山　斐呂子

発行所

〒102-0082　東京都千代田区一番町27-2
電話 03（3230）0221（代表）
FAX 03（3262）8247
振替口座 00180-3-36087番
http://www.rikohtosho.co.jp

理工図書株式会社

ISBN978-4-8446-0887-5
印刷・製本　藤原印刷